德国青少年科普读物经典丛书

# 大熊星座的秘密

## ——天空和星星的故事

（德）鲁道夫·基彭哈恩　著

卜　巍　译

科学普及出版社

·北京·

**图书在版编目（CIP）数据**

  大熊星座的秘密——天空和星星的故事／[德] 基彭哈恩著；

卜巍译. —北京：科学普及出版社，2013.1（2018.6重印）

（德国青少年科普读物经典丛书）

  ISBN 978-7-110-08028-3

  Ⅰ.大... Ⅱ.①基...②卜... Ⅲ.①天文学-青年读物②天文学-少年读物 Ⅳ.①P1-49

中国版本图书馆CIP数据核字（2013）第003710号

**责任编辑**　鲍黎钧
**封面设计**　大象设计
**责任校对**　刘洪岩
**责任印制**　张建农

科学普及出版社出版

北京市海淀区中关村南大街16号　邮政编码：100081

电话：010-62103123　传真：010-62183872

科学普及出版社发行部发行

北京市凯鑫彩色印刷有限公司

\*

开本:710毫米×1000毫米　1/16　印张:8.25　插页:8　字数:142千字

2013年1月第1版　2018年6月第3次印刷

ISBN 978-7-110-08028-3/P·114

印数：9001-11000册 定价：29.80元

（凡购买本社的图书，如有缺页、倒页、脱页者，本社发行部负责调换）

## "爷爷，你用望远镜看到了什么？"……

……在暑假里的一个温暖的傍晚，莉娜想知道这个问题的答案。爷爷并没有让她恳求很久，就带着她和她的哥哥保罗一起踏上了一次认识太阳、月亮和银河系里的星星的旅程。在这次"遨游"宇宙的旅行中，莉娜和保罗知道了：为什么星座会让人想起动物园，什么时候会发生月食，人们如何在没有时钟的情况下确定时间，以及地球上的一切都处在运动之中。

他一直以来都热衷于研究星星和宇宙：

**鲁道夫·基彭哈恩** 早在上小学的时候就出于爱好制作了一架天文望远镜；学校放假期间，他曾经在天文台做过助理。在大学完成数学专业的学习之后，他转入了天文学专业。他曾是哥廷根大学的教授，后来在慕尼黑的一个天文研究中心担任领导工作。凭借《绝对机密！》一书，这位已经有6个孙子孙女的爷爷证明了，他也是一位密码专家。

**安婕·冯·施特姆** 德国青少年文学奖得主、纸制手工设计师。借助剪刀和少量的胶水，她可以用纸张神奇地做出最棒的东西。她将日晷和星空图设计成手工小制作放在书页中间，这样，未来的天文学家们无论在白天还是黑夜都可以把握方向。

哈勃空间望远镜的照相机对着天空中的某一处经过超长时间曝光得到的照片，所有你看到的，即便是那些最微弱的光点，都是数百万甚至数十亿星星的集合

# 目录

神秘莫测的宇宙

# 地球——一个特别的家园

"爷爷，你用望远镜看到了什么？" 莉娜问道。那是在一个温暖的夏天的傍晚。保罗和莉娜在海里游完泳，捡了贝壳，刚刚又累又饿地回到家里。当我在阳台上用望远镜朝大海望去的时候，就已经远远地发现了他们。

"我看到了地球是圆的。" 我回答道。孩子们很不理解地摇摇头。他们两个已经用我的双筒望远镜朝大海观望了好几次了。在那里可以看到白色的浪尖、载着人的船只和很远处的地平线——那条将大海和天空分隔开来的线。但是更多的东西他们就不能发现了。

保罗和莉娜是同胞兄妹。他们在暑假的时候跟爷爷奶奶一起来到法国南部。他们的爷爷就是我。我们住在一个度假屋里，从这里可以看到大海，视野很好。因为时值夏天，所以白天的时间很长。即使在吃过晚饭后，太阳也还没有落下。

## 日落的时候

"我们今天去看日落吧。"我建议道，"谁想一起来？" 保罗和莉娜马上加入了进来。我们坐在沙滩上，向西边望去。日轮的下边缘已经触到了地平线。

"快看啊！太阳现在变得多么鲜红啊！" 莉娜喊道。不一会儿，半个太阳就消失了。很多人都已经离开了沙滩。大海静静地躺在那里，要不是因为有一只海鸥在鸣叫，一切都很安静。孩子们仔细地看着日轮的上一半渐渐沉入到地平线以下，直到一点都看不到了。

过不了多久，西边的太阳就会落到地平线以下

"爷爷，太阳落下之后去了哪里？" 莉娜想知道。

"要想明白这个问题，你们必须得知道地球是圆的。"

"地球是圆的，这我们当然从学校和电视里就知道了，"保罗说，"但是你用望远镜看到了地球是圆的，这一点你自己都不会相信吧。"这时候，天气已经变凉了，我们动身往回走。我知道，我没法简单地在回家的路上把莉娜的问题解释清楚。

"把你们的水球也拿到屋里来吧。" 我告诉他们。这个水球是一个充气的地球仪，正是我讲解所需要的东西。

## 一个圆形的东西

"明天我就向你们证明地球是圆的。" 我微笑地看着他们两个说道。

"你已经把那个水球拿在手里了，谁都能看出它是球形的。这一点我们不用等到明天就知道。" 保罗不耐烦地瞧着。

"谁在说水球啊？我要展示给你们看地球是圆的。为此我需要一个玩具模型和一只小船。" 莉娜给我拿来了她在沙滩上的售货亭里买的那只小帆船。而保罗的口袋里有一个从早餐麦片的纸盒上剪下来的小水手。我把这个小人儿放在地球仪上葡萄牙海岸的位置上，让它面向西方，朝大西洋望去。我又把那只小船放在离葡萄牙不远的海面上。

"这个小人儿看到了什么？"

"还能看到什么？海面上的船呗!" 保罗嚷道。

"好。"我说着，让船慢慢地在大西洋上向西"航行"。过了一会，我问道："那么现在呢?"

"还是那艘船啊，要不然还能看到什么？" 保罗因为我问个不停而不高兴了。

"再看得仔细点儿！"

"他看不到船的下半部分了，因为被前面的水挡住了。" 莉娜发现。

"对。船身已经在地平线之下了，我们这些没有出过海的人会这样说。水手们则会说：船的下半部分已经消失在天际线（Kimm）后面

**通缉令**

**通缉令:** 蓝色的行星——地球

**直径:** 12742 千米

**到太阳的距离:** 1.5亿千米

**质量:** 用"吨"作计量单位，是一个22位的数字。其中的千分之一是水。

了。"我解释道，然后又把船在大西洋上往远处推了一段距离。

"那么现在这个水手能看见什么呢？"

"只能看到桅杆的顶端了。" 莉娜回答道。

"因此他就可以知道，他居住在一个球体上。如果海洋是平的，而地球是一个圆盘，那么这个小船会一直变小，但是在这个过程中，他却能一直看到完整的船，一直到它到达天际线为止。"

然后我继续说："我们明天将去观察真正的船只，看看它们是怎样在海上驶向远方的。如果它们变得越来越小，却一直可以被完整地看到，那么海洋就是平的。 但是如果下面的部分渐渐消失在地平线后面，直到只能看到桅杆的顶端，那么海洋就是弧形的。那地球表面——陆地和海洋——几乎是一个球体的说法就是正确的。"

## 天边的帆船

第二天早晨刚吃过早饭，我们就来到了沙滩上。太阳早已经升起来了。

因为地球是圆的，船长只能看到远方帆船的桅杆顶端

"你们看，太阳今天早上又浮出水面了，而且它看起来和昨天一模一样。太阳已经在海里游完泳了。"我对孩

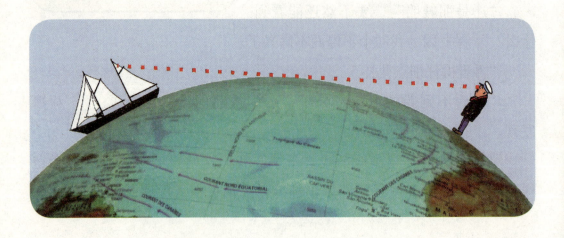

子们说。一阵微风从东边吹来，海面上已经能看到几艘帆船了，不过它们都在离海岸很近的地方。终于，有一只双桅船从港口开了出来，它那张得满满的帆说明它将径直地乘风行驶到海上去。我们用望远镜追踪着它。"我们等一个小时，"我说，"那时它就已经行驶到足够远的地方了。"

孩子们戴上他们的游泳用具，跳进了水里。过了一会，我招手让他们回来。保罗几乎看不到那艘已经驶远的船了，他叫道："我只能看到桅杆了！"

**数据和纪录**

**地平线有多远？**

表格中给出了天际线，即地平线，到我们的距离。根据你的眼睛到海平面的高度的不同，地平线的远近也不同：

| 视线高度 | 地平线距离 |
| --- | --- |
| 1 cm（厘米） | 1km（千米） |
| 50cm | 3km |
| 1m （米） | 4km |
| 2m | 5km |
| 5m | 9km |
| 10m | 12km |

莉娜也只看到了桅杆。两个孩子从彼此的手中来回地抢着望远镜。在接下来的两个小时里，桅杆慢慢地沉到了天际线后面，不一会儿，连桅杆顶端也看不到了。

"但是那艘船现在也还没有完全消失。地平线的远近与我们观察它时所在的高度有关。如果你躺在沙滩上，它就离得近；如果你站直了，它就离得远一些；你若是站在椅子上，它就会更远一些。站得越高，天际线（也就是地平线）就离得越远。当你从沙滩上观察的一艘船已经消失在地平线后面的时候，如果你们爬上塔楼去看，还能看到它。"

"你们现在相信我说的可以用望远镜看出地球的形状了吗？"孩子们还在琢磨着。虽然他们早就知道地球是一个球体，而且还在家里放着一个地球仪。但是人们仅用一架简易的望远镜就可以看到地球表面是弯曲的这件事还是让他们很吃惊。

现在又到了下水玩耍的时间。就算大海可能是弧形的，但只要太阳还在照耀，海水还不太凉，就不可能有比海滨假期更美妙的事了。不过那里为什么总是有足够多的水呢？莉娜开始冥思苦想，但是她因为觉得一定会被取笑而不敢发问。

## 企鹅们为什么没有掉进宇宙里

吃过午饭后，莉娜跟着我来到屋顶的平台上。

"爷爷，我可以问你一个愚蠢的问题么？"

"没有哪个问题是愚蠢的，只有答案可能会是愚蠢的。"我回答说。

"这是我今天早上游泳的时候想到的。你是知道的，所有的东西都向下掉。当我抓了满满一把沙子然后张开手的时候，那些沙粒就会纷纷掉到地上。而当我把一杯水倒掉的时候，水也会向下流。所有没被握住的东西都会向下运动。"

南半球的企鹅和北半球的北极熊一样，都没有从地球上掉下去

"对，是这样的。但这肯定不是你想问的问题。"

"我知道这是蠢话，但是我不明白这是为什么：我们住在圆形的地球上，我在欧洲，在地球的上面。当我松开一块石头的时候，它就会向下掉落，向着地球表面。但是在地球的下面也有人居住，比如澳大利亚人。"莉娜疑惑地看着我，继续说道，"如果在那边有人松开一块石头，那它应该也会向下落，也就是离开地球掉进宇宙里。那边的人们、大洋和南极的企鹅们，所有的这些都应该向下坠落。我们这里海滩上的水应该流向地球的下半部分，再从那边流进宇宙中。为什么所有的水都没有流下去？为什么所有的澳大利亚人都没有掉进太空里呢？"

"我要反问一句：'下面'指的是哪里？"

"喏，就是那儿，我站着的时候，脚所在的地方。我松开的石头也朝那里掉落。"

"它为什么会向下落？"

"这正是我不明白的地方。当我手里拿着一块石头时，我感觉到它被向下拉，那几乎和保罗使劲儿想要从我手里抢走它时的感觉一样。"

"其实有一个力在向下拉石头——重力。重力是大自然中最重要的力量之一，它把澳大利亚人拉向地心。"我补充道，"就像对你来说一样，对澳大利亚人来说，'下面'也是他们的脚所站立的地方，也就是地心的方向。从我们的角度观察，在澳大利亚的人是头朝下站立的。重力把地球上所有的东西都拉向地心，也包括海里的水。因此，海水根本不可能掉进宇宙中。"

莉娜认真地听着。

"在地球表面上，有一层由供我们呼吸所用的空气构成的地球大气层。地球的重力也阻止着这些空气漏到宇宙中去。越往上空气越稀薄，但是它们到达了超过1000千米的高空。"

**问与答**

**什么是重力?**

　　两个物体之间相隔一定的距离时，它们就会相互吸引。也就是说，它们对外施加了一个力，这个力会把所有其他的物体都朝着自己的方向拉。它们的质量越大，这个力就越大。对于地球上物体的质量来说，比如足球或者人体，这种相互之间的引力很弱，以至于人们根本感觉不到它的存在。如果将两个直径为1米的木球很靠近地放在一起，让它们几乎相互触到，这个力仍然很弱，弱到无法测量。如果把它们换成铅球，这个力就会强一点。地球的质量比这种铅球的质量大得多，所以它的引力是巨大的。因为它把地球上所有的东西都拉向地面，也就是使它们变"重"，所以这个力也被叫做"重力"。重力也是你在爬山时会累得出汗的原因。

从宇宙中看
到的地球

"地球并不是一个标准的球体，"我接着说，"地球上有山峰和山谷，海底可能在水面以下数千米深的地方。但是与地球的大小相比，这些凹凸不平是微小的。地球赤道的周长超过了4万千米！

如果有可能的话，人们若开车一直沿着一个方向绕地球行驶，以每小时150千米的速度绕地球一圈至少需要11天。" 孩子们感到很惊。

"刚开始的时候，人们很难想象'我们住在一个球体上'。今天，这对我们来说是很容易理解的。谁有足够的钱，他就可以坐上一艘豪华的船或者一架飞机环游一次世界。如果他向东方出发，就会从西边回来。

以前，这件事可没有这么容易。当葡萄牙的航海家费迪南·麦哲伦（Ferdinand de Magellan）在1519年毅然出海的时候，他就开始了一次大冒险。为了到达东方那些富有的国家，这些航海者当时已经绕过了非洲的最南端。但是麦哲伦想要采用向西的航线。他希望先路过哥伦布发现的那些美洲国家，再到达亚洲。因此这五艘挂着西班牙国旗的船朝美洲驶去。它们沿着南美洲的海岸航行，在狂风大浪中绕过了南美洲大陆的最南端，历经很多艰难困苦之后，成功地来到了菲律宾群岛。在同当地居

**著名人物**

**美洲的发现者：**

克里斯托弗·哥伦布（Christoph Kolumbus），500多年前出生于意大利的港口城市热那亚(Genua)附近，大约是在1436年。他14岁时就开始出海。40岁的时候，他几乎已经游遍了当时人们通过乘船所能到达的地球上的所有地方。然而在遥远的亚洲，那些充满传奇色彩且拥有很多金子、宝石和昂贵的香料的国家，人们当时只有通过通往东方的艰难的陆路才能到达。"如果地球是一个球体，"哥伦布这样想，"人们应该也可以向相反的方向航行到达那里。" 带着三艘西班牙船只和120名随行人员，哥伦布踏上了向西的航程。70天之后，他们意外地发现了一片大陆。因为他们以为自己到了印度，所以就把在那儿遇到的居民称作"印第安人（Indianer）"。

然而哥伦布并没有到达印度，而是发现了美洲。这块大陆在去亚洲的半路上，欧洲人当时并不知道它。直到哥伦布70岁去世的时候，他还一直坚信自己在那次航行中到达了印度。

民斗争的过程中，麦哲伦被一只毒箭射中，和他的许多船员们一起死去了。船队剩下的人继续向西航行，他们驶过印度洋，经过非洲的最南端，最终回到了家乡。那是地球第一次被环绕了一周啊！由5艘船和256名船员历经了三年时间才完成。回来的时候，只剩下一艘船和船上的18名船员。"

## 太阳从东方升起……

第二天早晨，孩子们很早就醒了。当我们坐在早餐的餐桌旁时，莉娜朝地平线望去，然后叫道："太阳现在所在的位置和它昨天落下之前的位置完全不同！"她用手先后指了两个相反的方向。

"是的，太阳从东方升起，"我说，"然后沿着一条弧线移向南方。中午它在那里达到最高点，下午又向西移动重新接近地平线，也就是它晚上落下的地方。"

"太阳从哪里升起，保罗？"我问道。保罗惊讶地把他的涂了果酱的面包放到盘子里。他只记得我说的最后几个词。

"从西边？"

"胡扯，"莉娜嚷道："从东边！"

"有一个简单的规则可以帮你们记住这些。"我说道。

**试验**

**用手丈量天空**

伸直右手臂，手指并拢，拇指贴紧，转动手掌，使指尖指向左边。上下调整手臂的高度，直到手的下边缘刚好与地平线重合。手掌的一边到另一边的距离就叫做"掌宽"，你可以用它来确定一个天体到地平线的距离，或者两颗星星之间的距离。对于一些短距离，用拇指就够了。手伸直时，拇指的一个边缘到另一个边缘的距离就是"拇指宽"。满月的直径大约是四分之一拇指宽。

东边太阳升起来，

南边太阳正当午，

西边太阳落下去，

北边永远看不见。

"你们试试看！" 两个人重复了一遍这四句话。

"那么，现在谁想跟我一起去沙滩？我们或许可以看看，太阳在白天是如何在天空中移动的。"

掌宽

拇指宽

这样你就可以在天空中用手掌和拇指估测距离了

在沙滩上，我找到了一根旧的扫帚柄，并把它插在了沙子里。它的影子在地上清晰可见。

"现在是9点。谁去在影子的顶端放一颗贝壳？这样我们就知道它在9点钟时的位置了。当太阳在天上移动的时候，影子也将移动。10点的时候我们再放第二颗贝壳。"孩子们盯着那个影子看，但是它却没有移动。

它们（日晷）都会有一些偏差

　　"你们必须得有耐心啊！" 我笑着说道。过了一会，孩子们感到有些无聊，于是去游泳了。我坐在沙滩上看报纸，其间时不时地看看表，当时间快到了的时候，我又把孩子们叫了回来。

　　"10点了，放第二颗贝壳吧！" 现在他们看到影子的顶端已经移动了一段距离。保罗在影子的顶端放了一颗贝壳。我们每过一个小时就重复一次这个过程，这些贝壳就这样一颗接一颗地排列起来了。下午，孩子们觉得累了，就由我来继续我们的工作，直到最后地上放了11颗贝壳。回家之前，我建议说：

　　"我们现在再仔细看看这些贝壳，它们就是我们钟表的表盘。我们看到，早上和下午晚些时候的影子长，因为太阳在那些时候比较低；中午，它高高地在天上照耀，所以影子就短。太阳在南方，棍子的影子就投在北方。最短的影子所指的方向就是北方。日晷就是这样简单地工作的：这些贝壳就是表盘，扫帚柄的影子就是指针。"

　　"当太阳明天再次照耀的时候，我们就能通过影子读出当时的时间。但是我们的日晷所显示的太阳时间并不完全和收音机中给出的时间吻合，也就是你们根据它来调手表的那个时间。收音机中播报的时间是适用于整个中欧的统一时间，叫做"中欧时间"（德文简称"MEZ"）。然而在法兰克福，太阳到达南方的时间比在纽伦堡晚12分钟，在巴黎甚至要晚37分钟。如果我们使用太阳时间，那我们在每一次小旅行中都不得不把我们的表调成当地时间。另外，我们在春天会把钟表调早一个小时

(德国使用夏令时和冬令时——译者注)，这样人们晚上可以在外面停留更久。而秋天，人们又把钟表调晚一个小时——依据中欧时间。我们的日晷当然不会跟着夏令时调整。日晷还会显示出其他的不规律性：在11月3日前后它会走快1分钟，而在2月12日前后它会走慢14分钟。所以日晷决不能跟我们的手表相提并论。"

# 天空中发生了一些事情

第二天早上，莉娜几乎等不及我来吃早餐：

"我昨天站在栈桥上又看了一次日落。当太阳完全消失的时候，我在更高的天空中发现了月亮。它像一柄细细的镰刀，挂在西边的天上。"莉娜说，"当我晚些时候去邻居家拜访回来时，又看了一下天空，月牙挂得低了很多，往右了一些。在这段时间里它移动了一段距离。于是我又去了栈桥上，观察月牙是如何越来越接近地平线的。月亮慢慢地落下，就像之前的太阳一样。然后我又在西边看到了一颗明亮的星星。"

"那很可能是长庚星，"我点头确认道，"它也是在西方落下，从东方升起的。所有的天体，包括太阳、月亮和星星都在天上运动着。大多数都从东方升起，在西方落下。只有北边的星星例外。"

"这又是什么意思？有的会有升有落，而另一些却不会？天上是这么杂乱无章的么？"保罗问道。

## 在黑球的内部

"不是的，这并不是杂乱无章的，只不过这些运动不是那么容易解释的。其实所有的天体都在运动。在我们看来，就好像我们和地球同处于一个空心的大球里，它黑色的内表面上画着星星、太阳和月亮。这个天球在一天之内自东向西转动一次，我们站在地球上，想象我们从内部看这个旋转的空心球。然而在天球上有两个不转动的点，即天球北极(Himmelsnordpol)和天球南极(Himmelssüdpol)。天球上到这两个点的距离相等的那些点都在一个环上，也就是在天球赤道(Himmelsäquator)上。

我很快地绘出了一张草。

"只要你一直站在地球上，就永远都无法看到整个天空，"我转向保罗，接着说，"你看到的只是半个天球，因为你站在地球上。而当你向下看的时候，视线就会被地面挡住。已经落下的天体，比如晚上的太阳，我们是看不到的。"两个孩子仔细地端详着这幅上面画着地球在黑色空心的大球里的图。

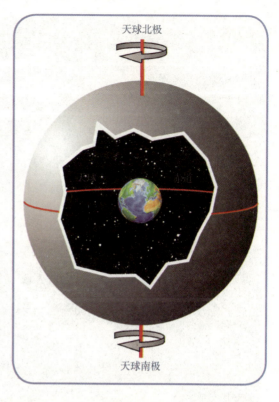

"我不明白！"莉娜若有所思地说，"如果地球在黑色空心的大球里的话，那么一定会非常黑暗，我们白天和晚上看到的只有星星。"

"不是的，因为太阳也在空心球的内部。当它升起来的时候，我们头顶的天空很明亮，所以我们不会看到星星。只有在太阳落下的时候，才能看到星星。感觉好像这个空心球连同着那些天体一起围着我们转动一样。所以你们看到太阳、月亮和星星从东方升起来、从西方落下去。根据你们在地球上所处的位置不同，看到的天空也不同。站在北冰洋上的一块浮冰上的人，会看到天球北极就在他的头顶；而站在撒哈拉沙漠里看天空的人，看到的天球北极则在地平线的北端，在地平线的南

乍一看，地球上的居民会觉得自己仿佛住在一个转动的空心球里，在它的内表面粘着太阳、月亮和星星

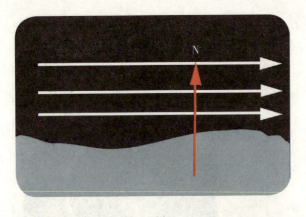

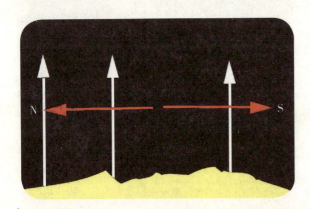

根据人站在地球上观察天空的位置不同，所看到的天球极点的位置也不同（红色箭头），因此星空转动的方向也不一样。从北极观察（上）、从我们所在的欧洲观察（中）、和从撒哈拉沙漠里观察（下）

端他会看到天球南极。"

"但是我们现在既不在北冰洋上，也没在沙漠里！"保罗发牢骚说。

"是的，我们处在两者之间。在我们地中海这里，天球北极距离地平线将近四个掌宽。所有的天体都绕着这个点转动，划着圆形的轨迹。用一架可以设置任意长度曝光时间的照相机，人们可以把星星们围绕着天体北极的运动变得显而易见：将照相机对准北方的天空曝光数小时，期间不要移动相机。得到的照片（见右图）就可以显示出星星们沿着圆形的弧线围绕极点运动的样子。距离地平线不足四个掌宽的星星从不会升起和落下，他们被叫做拱极星（Zirkumpolarsterne）。其中就包括大熊星座里的那些星星。"

"它们在哪？"

"我今晚就把它们指出

来。不过天空从白天转变成夜晚，从太阳到星星，还需要很长时间。"

## 关于那些熊、狗和一颗视力检测星

"除了'大熊'，天上还有一只'小熊'、一条'小狗'、一只'长颈鹿'、一条'鲸鱼'和一头'狮子'。"

"那完全就是一个动物园啊！"保罗惊叹道。

"天上还有古希腊神话中的人物呢。比如奥里翁（Orion，即猎户座）和安德罗墨达(Andromeda，即仙女座)。"

"它们都在那上面做什么啊？"

当人们用相机拍摄几个小时的夜空，就可以把星星围绕天球极点的运动变得清晰可见

"这些名字已经有几千年的历史了。那时候，人们希望给那些特别明亮的星星进行编排，以便认识它们的分布。他们试图通过给这些形象命名来使天空中的杂乱无章变得有序。直到今天我们还在使用这些星群的古老的名称，从这些名称中人们可以看到一些图画，它们就是星座。比如在北方的天空中有一个星群，叫做大熊星座。在这只熊后面的部分有七颗明亮的星星，人们如果发挥一下想象力的话，就可以从中看出一辆马车。大熊尾巴所在的位置是这辆车的车辕。车辕后面有四颗星：它们构成了这辆车的车斗。因此这组星星被称

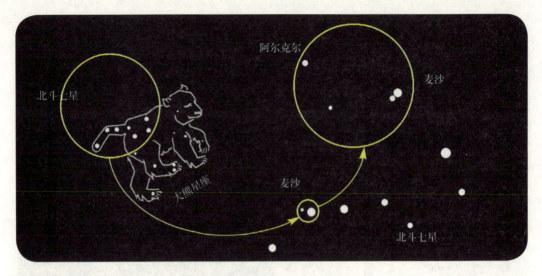

在大熊星座后面的部分（左）是北斗七星（右下为放大图）。在车辕上的星星麦沙旁边是视力测验星阿尔克尔（上为放大图）

为北斗七星。等今天晚上天黑之后，我可以把它指给你们看。"

晚上，孩子们已经等得不耐烦了，但我们还是等到月牙在地平线上消失之后才出门去。天上没有一片云彩，最近的有灯光的城市也在很远的地方。天很黑，星星们闪着明亮的光。

"哪边是北方？"我问道。保罗指向陆地这边。

"为什么呢？"

"今天中午，太阳在海面上方。那么那边就是南方。所以相反的方向就是北方。"

"说得对，保罗。"我说道，"现在我们都朝北方看，左边是西，右边是东。你们看见北斗七星了吗？它的车辕指向上方。"莉娜马上就找到了它。

"现在我想测试一下谁的眼睛好。你们看见那个车辕了吗？"

"我们又不是瞎子！"保罗说。

"看看车辕中间那颗星。几千年前，阿拉伯人将它命名为麦沙

（Mizar，中国古称开阳星——译者注）。谁能看见紧挨着麦沙的那颗光线微弱的小星星？它是阿尔克尔（Alkor，中国称为开阳增一或辅星——译者注），也被叫做视力测验星，因为人们要仔细观察才能看到。"

孩子们毫不费力地就看到了它。

"现在我们来看看天空中最重要的那个点。"我指向北斗七星后部的那些星星（即车斗的最后两颗星星——译者注），然后在同一条直线上指出了一颗不太显眼的星星。

"那颗就是北极星。它属于小熊星座。"

"那边有什么东西划过了天空！"莉娜和保罗同时喊道。我也短暂地看到了它，然后那个亮点又消失了。

"那是一颗流星，我还会再给你们讲关于它的事。不过我们先接着说北极星。天上所有的星体都围着北极星转动。"

**找找看**

**谁找到了北极星？**

在大熊星座里寻找北斗七星。5月份的晚上，它们高高地挂在你的头顶；10月的同一时间，它们接近北方的地平线。如图中虚线部分所示，延长北斗七星车斗部分最后两颗星的连线，在距离是两颗车斗星间距的四又二分之一倍远的地方就是北极星，天上所有的星星都围着它转动。但是请注意：图中显示的是大熊星座在10月份的晚上的样子。在其他时间，你必须相应地转动这张图。

从北斗七星出发，你可以找到北极星。

"我的头也在转，因为我一直得抬头看。"保罗嘟囔道。

我继续说："我们现在沿着直线向同一个方向继续看，那我们就会看到一个新的星座。它看起来像字母W，叫做仙后座（Kassiopeia）。在数千年前，古希腊人给这五颗星取了一个神话人物的名字，她是安德罗

**寻找仙后座**

　　为此你需要一个小圆盘，它是一种北极表（Polaruhr）。在本书的后面，你可以找到一个复制图样。如果你已经做好了北极表，就可以用它来寻找北斗七星和北极星。转动这张卡片，使它显示北斗七星当前的位置。现在借助这张卡片寻找在上面用白色连线标记出来的"W"。那就是仙后座。

墨达（即仙女座）的母亲，我还会在天空中给你们指出它（仙女座）。"

　　"但现在我们只讨论北斗七星、北极星和小熊星座里的星星们，以及仙后座。设想一下，北极星是一个表盘的中心点，从那里伸出两根指针。其中一根指向北斗七星，另一根指向仙后座。在夜里，这些星星们就会运动，使两根指针以相同的速度沿逆时针方向转动。"

　　"那我倒是有些好奇，现在谁也没在运动啊！"保罗插了句话。

　　"等着吧，今晚我会叫醒你们，那时候你就能看到了。"我回答道，"因为假期很快就要结束了，我们不得不启程了。走之前我们要估测一下，北极星距离地平线有几掌宽。"两个孩子举起手臂对准天空，然后得出结论：不足四掌宽。

　　"记住这个数字！等我们后天回到德国的时候，我们再量一次。"

## 还有什么在环绕

　　实在是很晚了，所以我们开始往家走。忽然，莉娜停住了。

　　"那里有一颗星星在动！"她叫道。

　　"所有的星星都在动！"保罗头也不抬地说道。

　　"不，它飞得很快！"

　　"肯定是一架飞机！"保罗更仔细地看了看莉娜所说的"星星"。我也朝天上望去。

"那不是飞机，"我肯定地说，"飞机的灯光是一闪一闪的。那是一颗卫星，它在几十万米的高空中绕着地球运动，并反射太阳光。它可能是国际空间站，里面有几名宇航员在工作。"

我们目送着这个光点自西向东在繁星间穿行而过，然后就回家了。

孩子们很快便睡着了，如果不是我早上2点把他们叫醒的话，他们会度过一个安详的夜晚。

"你们都出来！"我叫道，"看看天空是怎样转动的！"孩子们睡眼惺忪地来到窗边。果然！北斗星后面车斗部分的星星现在正好在北极星下面，而仙后座高高地在我们头顶上。保罗闷闷不乐地看着，想快点回到床上去。莉娜揉着眼睛，喃喃自语道：

**实验**

**看一眼北极表**

现在你可以再使用一次本书最后面复印图样上的北极表。你已经把它们安装好了吗？天黑的时候朝北方看，看看那里的北斗七星和仙后座。向北举着这个表，让24点指向下方。这个小圆盘会给你指出拱极星。转动圆盘，使它正确地给出大熊星座和仙后座的位置。现在你有两个选择：我们假设你知道现在的月份。在可转动的圆盘边缘找到它，那么下面那张圆盘上的刻度表就已经给你指出了大概的时间点。反过来：如果你知道时间点，那么刻度表就会给你指出月份。当然，所有的手表和日历都比北极表更准确。但是通过它，你可以清楚地看到那些星星是如何围绕着天球北极运动的。

"真的啊，现在北斗七星的位置完全不同了，仙后座也是。只有北极星还一直在同一个位置上。"但是随后，她也想回到床上去了。西边出现了一片乌云，没过多久就遮住了整个天空。天气预报说会下雨。我们在这个假期里将不会再看到太阳和星星了。

## 假期和家里的天空

我们开车回家需要两天的时间。途中，天气重新变好了。在德国的第一个晚上，星光明亮，孩子们很好奇地想要知道，这里的天空是不是和在地中海时看到的天空一样。天黑之后，他们在这里也找到了北斗七星、北极星和仙后座。

"都和之前一样。"保罗确定地说。

"真的么？那么北极星距离地平线多远呢？"两个孩子伸出了右手臂。

"4个半掌宽，"莉娜叫道，"比在地中海时几乎多出了一掌宽。"保罗没有反驳，他也得到了相同的结果。

"你们瞧，"我说，"天空并不是完全一样的。但是它在这里也是围着北极星转动的。我们越往北走，北极星离地平线就越远。在挪威的首都奥斯陆（Oslo），它距离地平线超过5掌宽。在寒冷的最北方——北极，北极星在天空的最高点，正好在人们头顶上——如果那里刚好有什么人的话。在北极，星星们晚上也绕着这个点转动。不过因为它正好在天空的中心点，所以它们不会时起时落。各自都一直保持着距地平线不变的高度。"

保罗和莉娜都在旅途中感到疲惫了。任那些星星转动着，他们很快就睡着了。

## 一个奇特的现象

第二天，莉娜又带着问题在早餐桌上等我。

"爷爷，昨天晚上我又从窗口向外看天空，那时我看到大熊星座里忽然有一个亮点划过了天空。这样的东西我还从来没见到过。它比星星更亮。那会不会是外星人啊？它们坐着UFO过来，我在报纸上看到过的。"

"胡扯！"保罗嚷道，"UFO和小绿人儿根本就不存在。"

我对孩子们解释说："UFO是一个英文单词的缩写，就是'不明飞行物'的意思，也就是那种人们不知道它是什么的东西。这可和从其他星球来的小绿人儿没有关系。当然，天上有一些现象是人们不能马上解释清楚的。那有一个人看到了一颗卫星，这又有另一个人看到了一颗流星，然后两个人都以为他们看到了UFO。"

"那不是卫星，不是飞机，也不是流星。它是完全不同的东西。"

"我不知道你那时在大熊星座里看到了什么。还是让我们在接下来的几个晚上里期待着，它或许会再出现吧。"

"我才不相信呢，"保罗说，"那一定只是莉娜的想象。在她还小的时候，她就曾有一次断言说她黎明时在我们的房子前面看到了幽灵。结果那只是送报纸的阿姨。"

"保罗，你真讨厌！"莉娜嚷道。

"不管那道光是什么，"我安抚他们说，"它肯定不是一艘来自其他星球的载人宇宙飞船。"

没过多久，莉娜的思绪又跑到了别处。

"难道整个宇宙都围着我们转吗？"她问道，"这些星星到我们的距离各不相同。那些远处的星星怎么会和近处的星星一样，知道它们必须在一天里围着北极星转动一圈呢？"

"我们先继续停留在这个空心球的观点上，"我说着，又让他们看了一下你们在书中第15页看到的那张图，"所有的星星在我们看来，都好像被粘在一个黑色的天球上。我们站在位于天球中央的小小的地球上，看着它的有很多明亮光点的内表面。这个球每天绕着它的轴自转一圈。"

"就这么简单吗？"保罗问道，"一个巨大的黑球和它的星星们一起围着我们转动？"

"你不要高兴得太早了！"我回答说，"人类用了很长的时间才搞清楚，实际上这个黑球根本就不存在。"

## 一直绕着轴转

两个人摆出一副若有所思的表情。

"如果假设星星是静止的，而我们的地球是转动的，那么要解释星星围绕北极星的转动就容易得多了。"

"不过我们肯定都发现了，"保罗说，"当我在游戏中原地转圈的时候，每次都会觉得头晕。如果我们站在一个转动的球上，那我们所有人都应该觉得头晕。"

"地球每天只自转一圈，没有人会因此觉得头晕。"

"那这和星星有什么关系？"保罗想知道。

"当这个运动慢到我们觉察不到的时候，我们就无法确定，是星星围着地球转，还是地球自己在转动。你们都知道这种情况：你坐在一节车厢里，这辆火车停在车站中。透过窗户可以看到

问与答

**地球转得有多快？**

地球绕着地轴转动。你可以把地轴想象成一根长棒，从北极穿过地球一直插到南极。北极位于冰冻的北冰洋上，南极在南极地带一块被厚厚的冰层覆盖的陆地上。地球上到两个极点距离相等的那些点都落在赤道上。赤道穿过肯尼亚、巴西和哥伦比亚等国家。地球表面的每一个点在一天里都会在一个环形轨道上转动，轨道的中心就在地轴上。在德国，我们转动的速度是每秒钟350米，而在赤道上的人们的转速甚至接近每秒500米。生活在北极的北极熊和南极的企鹅在地球转动的过程中只是在原地转动。

相邻铁轨上的另一辆火车。忽然，你觉得火车重新开动起来了。实际上，你乘坐的火车一直停在那儿，然而另一辆车却缓缓地开动了。这时，并不容易确定谁是停着的，谁是运动的。是谁在转动？是星星还是我们？看起来似乎是星星在天上自东向西运动，而实际上，是我们在自转的地球上从西向东运动。" 不管怎样，他们两个并不喜欢这种说法。

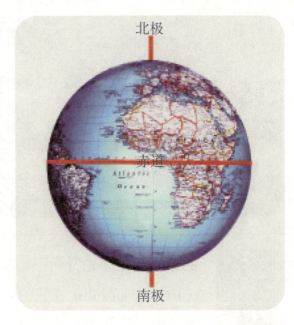

"但是难道我们对此完全毫无察觉吗？"莉娜想知道。

"在日常生活中，地球的自转是感觉不到的。所以想要证明这种运动一点都不容易。在1851年，也就是早在150多年前，

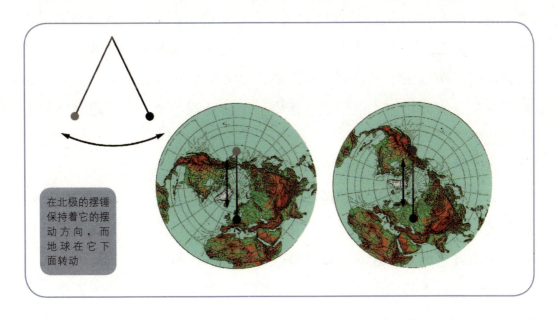

在北极的摆锤保持着它的摆动方向，而地球在它下面转动

一个聪明的法国人设计了一个令人印象深刻的实验：在巴黎有一座古老的建筑，它原本是作为教堂被建立起来

的，也就是"先贤祠"（Pantheon）。物理学家莱昂·傅科（Léon Foucault）在它的穹顶挂起了一根67米长的摆锤，通过撞击让它开始来回摇摆。对于傅科的实验，我们最好能设想出一根挂在北极正上空的摆锤。和所有的摆锤一样，它始终在一个方向上摇摆，但是地球在它下面转动。一位在摆锤旁边的冰面上站定的极地考察员，随着地球转动，会感觉到摆锤的摆动方向似乎是转动的。比如从考察人员的角度来看，摆锤开始是从左向右摆动的，那么6个小时之后在他看来，它就是前后摆动的。对于他来说，摆动的方向在24小时内转了一圈。对于在地球上其他地方的摆锤，情况是类似的。所以在巴黎的那个摆锤的摆动方向似乎也在改变。人们曾在那里聚集，因而相信了他们是生活中一个转动着的地球上，尽管他们不觉得眩晕。"

"我们自己不能用摆锤做一次这个实验吗？"保罗建议道。

我摇着头说："那个摆锤必须非常长，否则还没等我们看出它摆动方向的改变，它就已经停摆了。在我们这些住宅里没有足够高的房间。在德国的许多地方都挂着这种摆锤。你们可以在慕尼黑的德国博物馆里看到一个，其他的则可以在比如奥斯纳布吕克大学、科隆的天文馆、汉

地轴

北极

南极

因为地轴的倾斜度，南半球此时获得了更多来自左边的日照。南半球就更温暖——那里刚好是夏天，在北半球则相反，是冬天。右半球是黑夜。

两条红线是极圈（更多信息见47页）

堡应用科技大学和维也纳的科技博物馆中找到。"

孩子们慢慢地熟悉了这种想法，即他们迄今为止的生活一直是在不断的运动中度过的。我告诉他们，他们每秒钟因地球自转而移动的距离，让他们学校最快的学生来走，也将需要一又四分之三分钟。

"通常情况下，我们对此毫无知觉，因为环境在和我们一起运动。保罗，尽管你在快速地围着地轴转动，但是莉娜也一样，所以你们之间距离没有改变。当我坐在一把椅子上时，尽管这把椅子正在高速移动，我却不会掉到地上。因为椅子在和我一起飞。"保罗咧嘴笑了。他很可能在想象着，当椅子从我身下移走时，我掉在地毯上的情形。

"尽管如此，地球的转动还是影响着我们的生活。"两个孩子疑惑地看着我。

"太阳在地球以外的某个地方照耀着，它温暖着地球对着它的那一面。另一半则处于 阴影中。如果地球不自转的话，那么世界的一半永远是白天，另一半永远是黑夜。对于在白天这面的人来说，太阳总是处在天空中相同的位置上。而实际上，地球在一天之中将它所有的面都展示给了太阳。地球的自转使得不仅是太阳，连月亮和星星也有起有落。"

"虽说如此，我还是不喜欢地球将我们如此快速地在宇宙中甩来甩去的这个想法。"莉娜说道。我帮不了她，相反，情况还可能更糟。

# 太阳——一颗吸引着我们的星星

"在没有感知的情况下，你们运动得比那还要快得多。"我说，"因为地球不仅在自转，它还在宇宙中穿行。它每秒钟飞过30千米的距离，也就是时速108 000千米！一架飞机如果以这样的速度从柏林飞到巴黎，只需要18秒。"

"这根本不可能！"保罗说，"想想飞机产生的噪音。在这样的速度下，地球肯定会发出巨响。"

"飞机飞行中的噪音是由发动机以及它飞行时穿过的空气产生的，尤其是对于喷气式战斗机来说。地球的运动没有发动机，而且还是在真空的宇宙中。只有地球表面薄薄的一层里存在着空气。它们被重力固定住，随地球一起飞行。宇宙空间站环绕所在的空间是真空的。因此，如果外面有一些东西需要修理，宇航员们必须要穿上宇航服。他们在宇航服里获得自己的空气供给。"

## 地球的疾速飞行

"那么地球是带着我们以疯狂的速度径直地飞过真空的宇宙吗？"保罗惊叹道。

"是的，但不是径直地。"我说道，"因为那样的话地球将远离太阳，我们这里会变得非常寒冷。幸好不只是地球，连太阳也有引力。它使得地球不会逃脱，而是被固定在一个环形轨道上，这个轨道的直径之大是不可想象的。"

"有多大？"莉娜想知道得更确切。

"15亿千米。"

"哇哦！"保罗说，"我的自行车的里程表上显示的数字是3000千米，而且这台自行车我已经骑了两年。在这说的可不是几千千米，是15亿啊！我如果蹬自行车去太阳，得需要多长时间啊？"

"无限长的时间。今天早上我已经给你们算出了一辆一级方程式赛车到达太阳所需的时间，其中不停站，脚一直踩着油门踏板。这样将需要大约50年。"

"等那辆车到达太阳的时候都变成废铁了。"保罗说。

"但是地球比赛车跑得更快。它围着太阳公转一圈需要整整一年。为了表示很远的距离，天文学家不用'千米'来计算，他们使用一个完全不同的计量单位。"我说道，"也就是光的速度。"

**数字与记录**

**注意，光速！**

1光秒＝300 000千米

1光分＝18 000 000千米

1光时＝1 080 000 000千米

1光年＝9 460 000 000 000千米

"光有速度吗？"莉娜问道，"但是光总是很快到达所有地方啊。当我按下开关的时候，马上就亮起来了。"

"不完全是这样，"我说，"尽管光走得很快，但它并不是无限快的。当你照相使用闪光灯时，站在300千米外的人看到闪光会晚千分之一秒。"

"但这完全不会造成任何差别。"保罗发现。

"在这样的距离内是不会，"我赞同他的说法，"但是一个在太阳上的观察者要在8分钟之后才能看到这道闪光。天文学家说：'地球和太阳之间的距离是8光分。'这听起来像一个时间概念，实际上光分是一个长度，也就是光在1分钟内所走的那段距离。"

"但是如果地球一直被太阳吸引着，为什么它不会落向太阳呢？"莉娜想知道。

"这和离心力有关。你自己可以很容易地感受到它的存在。拿一根绳子，大概一米长，在一端系上一只汤匙或者别的什么东西。抓住绳子的另一端，让汤匙在你的头顶盘旋。它转得越快，你就会越强烈地感受到汤匙在拉你的手；你会感觉到它要从你这里飞走。但是因为你抓着这根绳子，它就必须围着你转动。你若松手，它就会飞出去。对于地球来说也是一样：因为它在绕着太阳高速转动，在它身上就会有离心力的作用。同时太阳的引力又把地球往回拉。"

"我在地球上随它一起飞行，但是我既没有感觉到离心力，也没有感觉到太阳的引力。"莉娜反驳道。

"那是因为想把你拽离太阳的力和把你拉向太阳的力大小相等，所以你完全感觉不到它们。"

## 轨道上隐藏的力量

"当我们完全感觉不到这些力的时候，我们到底从何而知地球是绕着太阳转的呢？"保罗怀疑道。

"这是个好问题。我们就在这间客厅里模拟一下地球围绕着太阳的转动。莉娜，你就是太阳，站到房间的中央去。保罗，你就是地球，围着她转圈跑，然后具体地告诉我你看到了什么。"莉娜大笑着站到房间的中心去了，保罗则闷闷不乐地围着她小跑。

"你看到了什么，保罗？"

"咳，我能看到什么？莉娜、你和房间里的家具。"

"的确如此，现在站在你的环形轨道上不动，你在莉娜的身后看到

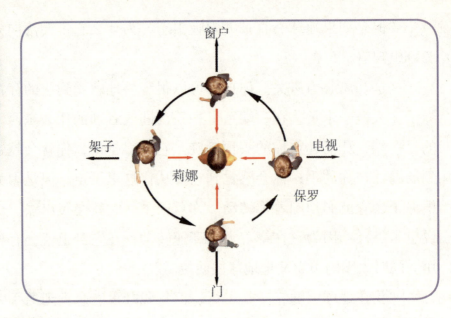

"地球"保罗围着"太阳"莉娜转动。转第一圈时他看向莉娜（红色箭头），转第二圈时他看向莉娜的反方向（黑色箭头）

窗户

架子

莉娜

电视

保罗

门

了什么？"我问他。

"架子和书。"

"那么你现在沿着轨道再走一段距离，然后站住不动，你在莉娜身后看到了什么？"我又问道。

"这次我看到了门。"

"再走一段呢？"

"电视。"

"那再走一段呢？"

"现在我在莉娜身后看到了对着花园的那扇窗户。"

"那么，现在你再绕一圈。"我说道，"但是这次请你描述一下你在与莉娜相反的方向上能看到什么。你转圈的时候把后背朝向她。"保罗依次报告：电视机、窗户、架子和门。

"现在我们把整个过程用真正的太阳和地球来想一遍：不过，我们从地球上看不到太阳后面的东西，因为它把白天的天空照得很亮，以至于我们看不到星星。但是在午夜前后，我们看向与太阳相对的方向。这

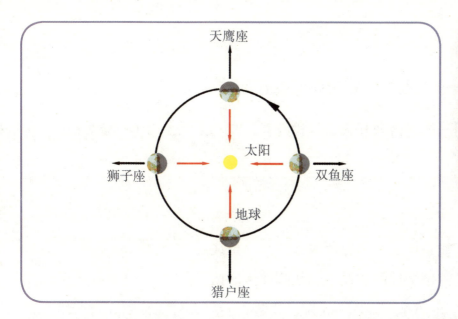

天鹰座

狮子座

太阳

双鱼座

地球

猎户座

地球围绕着太阳转动。我们在午夜前后望向天空（黑色箭头），可以看到星星。中午时（红色箭头）太阳却把整个天空都照得太亮了

和保罗绕第二圈时的情况一样，那时他必须一直看向背离莉娜的方向。我们在一年之中的夜空里看到不同的星座：夏天我们看到天鹅座和天鹰座，秋天看到狮子座和室女座，圣诞节前后看到猎户座，初春的时候看到双鱼座和宝瓶座。一年之中夜空里的星座在变换，由此我们可以推断出，我们随地球一起在围绕着太阳转动。"

"好吧，"保罗说，"如果你在圣诞节假期的晚上给我指出猎户座，那我就相信了。"

"假如我们在白天也能看到星星的话，你就会觉得，仿佛是它们在一年之中慢慢地从太阳后面经过一样。"我对保罗说，"就像你围着莉娜转第一圈时，客厅的墙壁好像在她身后移走了一样。那么你就会看到，太阳在一年之中在星空里跑过了一条线。它夏天经过的星座是我们在冬天的夜空里看到的那些。这条线是一个环，划过整个天空，而我们就站在它的中心。

"它为什么是一个环呢？"莉娜问道。

"这个我马上就给你们解释，不过为此我要从很远的地方开始讲起。"

## 一条线——以及它背后所隐藏的一切

"我用一个谜语来开头，"我说着，在一张纸上画了一条直线。

---

"这是什么？"

"这还能是什么？"保罗说，"是一条线。"

"它是一张学校的成绩单，从侧面看的话。"

"真是胡扯啊，"保罗认为，"这我们怎么可能猜到，每张纸从侧面看起来都是这样的。"

"是的，这确实是个愚蠢的玩笑。每张纸，只要不是凹凸不平的，从侧面观察都是这样的。假如我们能在宇宙中展开一张巨大而平滑的纸，那么地球的轨迹就是这张纸上的一个圈，地球只是一个很小的点，从地球这个小点出发来观察，我们看到纸上的其他部分只是天上的一条线。这个地球轨迹和太阳所处的平面被天文学家们称为黄道平面。对于我们来说，它是一条贯穿整个天空的看不见的线，即黄道。当地球围绕着太阳转动时，我们看太阳的方向会改变。从我们的角度看，太阳是沿着这条线移动的。在太阳沿着黄道线移动的过程中，它会经过若干个星座。"我接着说，"它会经过狮子座、摩羯座、双鱼座、室女座，也会经过宝瓶座和天秤座。尽管它们不全都和动物有关，但是人们也会把这条黄道线叫做动物圈（Tierkreis）。"

"我是双鱼座的，"莉娜说，"所以我也喜欢游泳。"

"我是狮子座的！"保罗叫道，"这和那个动物圈有什么关系吗？"

"和动物圈有关系，不过和天文学没关系，那是占星术。"我回答道。

"它们不一样吗？"

"不一样，天文学家想知道天体是如何运动的、它们处于何种状态以及它们由什么组成。而占星术的信奉者则认为，日月星辰的位置首先决定着一个人的出生，以及他的性格和未来。如果莉娜是双鱼座的，那就是说，她出生时太阳所在的黄道线上的位置是双鱼座2000年前所在的位置。如今在那里的是宝瓶座的星星。如此看来，莉娜其实是宝瓶座的。所有这些是相当复杂的。"

"我觉得，你似乎不相信占星术。"莉娜说道。

"也有些人认为，如果一只黑色的猫从你面前的路上跑过，就会带来不幸。另一些人则相信，满月的日子天气会变好。所有这些都和占星学一样不能让我信服。但是每个人都有这个自由，去相信他所愿意相信的事。星星们即使是不为我们操心，也肯定还要运动。"

"但是据说：'星星不会说谎。'"莉娜插话道。

"这话没错：它们不说谎，它们根本就没有说明任何有关我们人类的事。人类只不过生活在无限广阔的宇宙中的某个角落，在一个微不足道的名为地球的小星球上。"

## 如果在夏天过圣诞节

第二天早上，我们继续谈话：

"如果太阳用它的引力抓着地球，那么为什么冬天冷夏天热呢？太阳在夏天比冬天照射得更强烈吗？"莉娜询问道。

"可能地球在夏天的时候离太阳更近，所以获得了更多的热量

吧。"保罗认为。

"你们两个都说错了！" 我大声说道，"那样的话地球上所有地方应该同时处于夏天或者冬天。然而实际上并非如此。当12月份我们这边严寒刺骨的时候，南非的人们却在夏日的酷暑中大汗淋淋。而当你们7月份在这边去露天游泳池玩耍的时候，那边却很冷。"

"那里的人们在7月份冬天的时候庆祝圣诞节吗？"莉娜问道。

"不是的，世界各地都在12月庆祝圣诞节，无论外面是冷还是热。"

"那么我们怎么会有夏天和冬天呢？"保罗问道。

"因为地球绕着地轴的自转和它绕着太阳的公转是不协调的。"

"这又是什么意思？"保罗问道。

"意思就是，地轴相对于黄道平面是倾斜的。" 我把它在纸上简略地画了出来。

在地球每年完成一次它的绕行轨迹的过程中，由于地轴是倾斜的，南北半球在不同季节里受到阳光照射的强度不同。比如右边的北半球刚好是冬天

"地球在一年之中围绕着太阳转动。冬天地球所在位置使得它的南部比我们生活的北部更近地朝向太阳。所以冬天中午的时候，太阳的位置比一年中其他时间的位置更低。与此同时，南非人正在过夏天。一个季度之后，南北半球接受的光照相同。我们这边的春天就开始了，对于南边的人来说就是秋天。再过一个季度之后，地球将它的北半球更多地转向太阳。在我们这里，太阳中午在天空中所处的位置比一年中其他时候更高。我们这里正值夏天，另一半球则是冬天。每公转一圈，也就是每一年，这个现象就重复一次。因此我们有春夏秋冬。"

"因为地轴是倾斜的，所以我才能在冬天滑冰、在夏天游泳吗？"莉娜问道。

"正是这样。"我说。

"地轴不会在不知什么时候就翻转了吧？"保罗想知道，"那样的话四季就会完全陷入混乱，寒假是在夏天的时候，复活节在秋天。我都可以把我的袖珍日历扔掉了。"

"不用担心，地轴不会翻倒。虽然在几千年里，它的方向有些改变，但是我们几乎察觉不到它。"然后我忽然想到，我还应该让孩子们注意到另一个与倾斜的地轴有关的现象。为此，我给他们讲述了我们去北角（Nordkap，挪威）的旅行。

## 当太阳不落下的时候

"几年前，我和奶奶沿着挪威的海岸做了一次旅行。我们的目的地是欧洲的最北端——北角。我当时想体验一下，那里的太阳是如何与我们这里完全不同地在天空中移动的。我们到达了港口城市卑尔根（Bergen），那里有一艘船在等着我们。它应该在22点起航。我们提前一个小时就登船了，舒适地待在船舱里。阳光透过船舱的窗户，洒在上下铺的下床上。那非常奇特，因为我们这里夏天7月中旬的时候，太阳大约在21点30分的时候就已经消失了。当我们起航时，太阳还一直在天空中，一个小时之后才落下，那时候我们已经开始沿着海岸航行，并享用晚餐了。后来，我想看看星星。过了很久，天色才变得足够暗，让我能看清第一批星星。我看到了北斗七星，又从它出发找到了北极星。在那里，它在地平线上超过五掌宽的位置。甚至在午夜时分，黄昏还没有结束。第二天，当我们继续向北航行的时候，我发现太阳落下得越来越晚，升起得越来越早。夜晚变得越来越短。实际上已经没有夜晚了，因

为天空没有真正变黑过。第四天，太阳在午夜时也不会消失在地平线之下了。我们在旅行中已经越过了北极圈。"

我画出了地球的简图，并在北方和南方各画了一条红色的直线，如第27页图中所示。莉娜和保罗等着我的解释。

"这是北极圈和南极圈。现在你们设想一下，南半球正值夏天。地球自转的时候，在南极圈以南的地方太阳不会落下。北极圈以北的地区则相反，日复一日地处在阴影当中。半年之后情况反过来：在北极，太阳不会落下，而在南极，太阳不会升到地平线以上。"

在欧洲的最北端，夏天时，尽管太阳在将近午夜时会接近地平线，但是它不会落下

71°10′21″N

然后我继续讲道："我们到达了北角。晚上，太阳在西北方。它渐渐向右移动，也就是朝着东方移动，然后在北方接近地平线。它停留在地平线之上，然后又渐渐地升高。"

"但是在北角，你那个'……北边永远看不见'的说法就完全不管用了。"保罗确定地说。

然后莉娜问道："北边那里的人们到底还睡不睡觉呢？谁会大白天就上床睡觉啊？"

"他们和我们睡得一样久，只是天不会变黑。"我安慰她说，"我们在德国也能感受到一点仲夏夜（Mittsommernacht,这里指极昼）：6月中旬，汉堡或者弗伦斯堡的天空在午夜时不会完全变黑。那时候太阳虽然在地平线以下，但是距离地平线大约只有1掌宽，这足以照亮天空。更往北一点的地方，大概在俄罗斯的港口城市圣彼得堡，夏季里有6个星期的时间，天空不会真的变黑。到时候，当地的人们会通宵欢庆这些夜晚。很多旅游者特别来到这里体验'圣彼得堡的白夜'。另外，在那些有极昼的地方，半年之后将经历连续的黑夜。"

"那时太阳就不会升起来了吗？"保罗惊奇地问。

"不会，甚至在中午，它都在南方的地平线之下。在北极，白天和黑夜各持续半年。北极熊过极昼的时候，南极的企鹅则在经历着极夜——它们是相反的。"

"那么在极夜的时候，天空在几个月里都非常黑暗吗？"莉娜询问道。

"不完全是，夜晚经常会被极光照亮。"

"那又是什么？"保罗问道。

"太阳不仅会发光，"我解释道，"它也会发出微小的带电粒子，它们主要是在北极和南极附近与地球大气层相遇。在这个过程中产生微弱的光。在北半球就叫做'北极光'。"

"太阳还会带来一些不同于光的东西吗？"保罗很兴奋。因此我想，是该告诉孩子们更多关于太阳的事的时候了。

## 那颗我们赖以生存的星星

"你们到底知不知道，太阳对我们有多么重要？"

"当然，"保罗认为，"它在夏天温暖那些房子，我们就不用打开暖气了。我们可以穿着泳裤到处跑，或是让太阳晒着我们的肚皮。"

"这就是全部吗？"我问道"你今天早餐吃了什么？"

"早餐玉米片和牛奶。"

"你的玉米片是由玉米制成的，而只有太阳照在玉米田里的时候，玉米才能生长。牛奶来自奶牛，奶牛靠吃牧场上的草为生，而这些草只有太阳照射在草地上时才能生长。没有太阳，你的早餐桌上就什么都没有。几乎你生活中的一切都要归功于太阳。你的衣服是棉质的，也可能是羊毛的。棉花植株需要太阳，正如绵羊赖以生存的那些植物一样。太阳给我们带来能量，而这些能量使地球上的生命成为可能。"孩子们开始思考。

"但是当我们冬天供暖的时候，我们不需要太阳。"保罗插话道，"那时我们用油供暖，给房间加热，有时候我们也会打开小的电暖炉，然后它会把热风吹进屋里。那时候我们只需要来自插座里的电。"

"那么电是从哪儿来的呢？它是由烧煤或油的发电站制造的，也可能是由靠被拦截的河流的水来驱动的涡轮机产生的，或者是风力发电装置制造的。"我提醒他们去思考。

"那么——这和太阳有什么关系呢？"保罗问道。

"煤炭源自于生长在几百万年前的那些树木，它们深埋在地下的木头变成了煤炭。没有太阳，我们今天就没有煤炭。石油也来源于植物和动物，它们的遗骸在几亿年前就淤积了起来。水力的产生是由于太阳使海水蒸发了。空气中的湿气随后以雨的形式落在丛山之间，落回地面，汇成河流，流回海里。在这个过程中，水流推动了水电站的涡轮机。没有太阳，水电站也不能发电。风力发电的情况也是类似的：只有不同地方的空气受热不同时，才会有风。没有太阳，我们就一直处于无风的状态。"

"那么插座中的电都来源于太阳喽？"莉娜想要知道。

"不完全是，我们也从生产核能的核电站获得电。"

"真恶心，核能！"莉娜叫道，"那可是所有人都反对的！我们班去年还参加了一次示威游行。"

"有可能吧。在乌克兰的切尔诺贝利（Tschernobyl）也曾经有一个核电站发生了一次爆炸，很多人在事故中丧生了。但是我们的抗议游行丝毫没有改变这种状况：世界上的一大部分能源都产自核电站。这种情况是否会继续，我们还必须耐心等待。你们究竟知不知道，太阳也是一个核电站呢？"现在两个孩子都十分惊讶地看着我。

通缉令

GESUCHT: 99 DM

一颗光芒四射的星星——太阳直径：1392000千米

质量：以"吨"为单位，一个2后面有27个0。

那大约是地球质量的330000倍

表面温度：5500℃

中心温度：16000000℃

年龄：46亿年

自转一圈所需时间：大约27天

化学成分：

每千克的太阳物质中有690克氢和290克氦。其余的20克是氧、碳和铁等。

# 太阳核电站

"简直是胡说，"保罗提出异议，"在我们去法国南部的时候，你曾在路上指出了两个核电站给我们看。它们有冒着白色烟雾的烟囱，旁边还有混凝土建筑。难道太阳也是这样的东西吗？"

"重要的不是外型上的相似性，"我开始解释，"是这样的，太阳是一个气体球……"

"这究竟又是什么意思？"保罗打断我，"我知道玻璃球和我自行车的滚珠轴承里的钢球。我相信你说的地球是一个球体，但是一个由气体构成的球，难不成是像由空气形成的球那样的东西么？这你一定得让我看看。当我把气球中的空气放出来时，它们马上就消失了。"

"它们没有消失，他们是和地球大气层里的空气混在一起了。"我回答道，"但是地球大气层里的空气去哪儿了呢？"

保罗想了一小会："好吧，它们在地面上。"

"对，它们没有漏到宇宙中去，因为它们被地球的引力吸引着。太阳上的情况也是一样。不只是像地球这样的固态物质吸引着其他东西。只要那里有足够多的气体，气态的物质也有引力。太阳的引力吸引着一切，也包括它自身的物质。因此它固定着在它表层的那些气体，使它们不会逃走。"慢慢地，我说服了孩子们。

"另外，不只是太阳，所有的恒星都是这种气体球。太阳在宇宙中并不特别。"

"难道这个奇怪的气体球是一个核电站？"莉娜追问道。

"是的！这我必须得解释一下。太阳表面的温度大约是5500℃。你们能想象出这是多热么？铁和钢在1500℃的时候熔化，2900℃时铁会蒸发，变成气态的铁蒸汽。太阳表面的温度几乎是它的2倍。而这只是温度

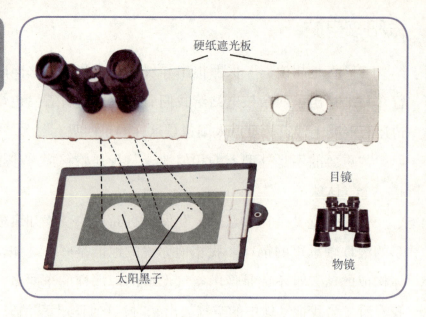

这样你就可以用双筒望远镜去寻找太阳黑子，而不会伤到你的眼睛

硬纸遮光板

目镜

物镜

太阳黑子

较低的外层。假如人们能在太阳上钻一个洞的话，他将接触到越来越高的温度。在中心的温度超过1000万℃。"

"那这和核电站有什么关系呢？"保罗想知道。

"一个燃煤的发电站里到底发生了什么呢？"我问孩子们。

"那里烧煤，然后用这个过程中产生的热量来制造电流。"

"正确！在燃烧的过程中，煤炭最小的组成单位碳原子，和空气中氧气的原子相结合，这时就产生了可以利用的热量。在燃煤的发电站中，原子相互结合，但是在核电站中，会产生新的原子。太阳的组成物质中，一大部分是氢气，它是一种轻质的气体，广泛存在于宇宙之中。水中也有氢元素。在几百万度的温度下，太阳中氢气的原子相互融合，形成了氦原子。氦气也是一种气体。例如把它填充到儿童气球中，气球就会飞起来。在氢转变成氦的过程中也产生了能量，这使太阳发光，让我们能够生存。"

"那如果氢气没有了，太阳会熄灭吗？"莉娜问道。

"是的，但是你还要等很久才能等到那时候呢。"我安慰她说，"太阳已经照耀了超过40亿年（用数字表示的话是4 000 000 000年），而它还将照耀这么长的时间，直到它内部的氢全部转化成氦。"

莉娜看起来还算满意。

"在整个这么长的时间里，太阳上就什么都没发生么？"保罗询问道。

"发生了，但是在我给你们讲更多关于太阳的事之前，我必须先提醒你们注意一个很大的危险。"

"危险？我还以为，太阳维系着我们的生命呢。"保罗惊奇地看着我，"莫非你指的是日晒伤？"

"或者因为它是一个核电站？"莉娜的脑子里还一直装着她的抗议游行。

"不是，我指的是另一个对你的眼睛的危险。"我回答道，"绝对不要长时间看着太阳！通常情况下，你本来就不会这么做，因为那样眼睛会痛。而且也不值得，因为人们用裸眼根本看不到日轮上的任何东西。如果有谁想看到更多的东西，也决不能用单筒或者双筒望远镜去看，因为那样会非常危险。这样做的人会很快变瞎！"

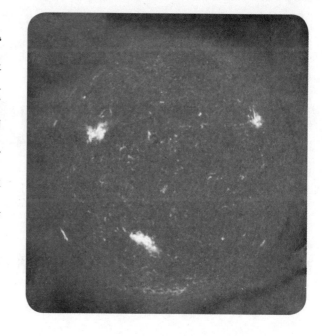

日轮上的斑点

*太阳——一颗吸引着我们的星星*　　**45**

**太阳为什么会使人失明？**

我们的眼睛受不了强烈的光。当你从一个黑暗的房间里忽然来到太阳底下的时候，你就会感觉到眼睛痛。只有当你的瞳孔变窄，使得更少的光通过它进入眼睛里时，你才能再次正常地看东西。但是瞳孔不能变得任意小。当你直接看着太阳的时候，尽管瞳孔已经缩得很窄了，但是进入眼睛的光还是太多。如果你用双筒或者单筒望远镜看太阳，情况更糟糕。它们汇聚了所有落在大镜片上的光，然后把它们通过你的小瞳孔投近你的眼睛里。你会因此而失明！

## 人们是如何骗过太阳的

"难道所有的太阳研究者都因为用望远镜观察过太阳而变瞎了么？"

"不是的，人们有很多技巧，可以观察到日轮上的细节，而不损伤眼睛。我要告诉你们一个。"

为此我带来了我的双筒望远镜。首先我把它对准地平线，转动调节器直到我用两只眼睛能清晰地看到地平线。然后我把望远镜放在桌子上。将两只大镜片，即物镜，对准太阳（不能通过它观察！）：我把本子和手帕放在物镜一侧的下面，把它抬高。现在我拿来一张纸，把它放在小镜片，即目镜，的后面有一定距离的位置上，但是不能太近。然后我一只手拿着望远镜，另一只手拿着纸，反复尝试，直到我们忽然在纸上看到两个明亮的光斑。它们还不是很清晰。但是一旦我稍微改变一下纸的距离，这两个明亮光斑的边缘就变清晰了。

"这是太阳的两个像。"我说。我很高兴能成功地在纸上得到了太阳清晰的像。前一天，我已经悄悄地做了一次，而且知道了，这几天能在太阳上看到太阳黑子。

"你们看到在两个像上正中的那个点了吗？"我问道。

"我什么都没看出来。"保罗说。

莉娜不确定地说："你是说那个小东西吗？""

"是的。"

"这个苍蝇屎？"保罗不屑地叫道，"那可是镜片上的污渍啊！"

"不是，"我回答道，"如果我在两个太阳像上都看到了这个斑点，那肯定意味着，它是太阳的一部分。它是一个太阳黑子。太阳上的这种斑点在望远镜被发明出来的不久之后就被发现了。它们出现，然后在几天或者几周之后又会消失。有一些的直径超过了50 000千米，那可比地球大得多。最大的那些，人们甚至可以不用望远镜就能看到。"

"不会变瞎么？"

"当有浓雾时，或者当太阳藏在薄云后面时，人们偶尔也可以没有危险地观察太阳。趁着这样的机会，中国人早在几千年前就已经注意到了日轮上的斑点。因为太阳自转，它们在几个星期里会横穿日轮，经常消失在太阳的背面。有时候，它们大约在两周之后又在太阳的另一个边缘上突然出现。像地球一样，太阳也有两极和赤道。地球上所有的地方在24小时内围着地轴转动一圈，而一个在极点附近的太阳黑子转一圈所需的时间却比一个在赤道附近的黑子多出4~5天！太阳就不是一个固态的天体。"

"当我们把望远镜对准太阳，并在纸上接收到它的像的时候，我们会一直看到太阳黑子吗？"莉娜想知道。

**找找看**

*我们寻找太阳黑子*

请看第44页的图。拿一架双筒望远镜（不要用观剧望远镜），在一块厚纸板上剪两个圆形的洞，使双筒望远镜的两部分刚好可以装进去。这块硬纸板是用来遮挡从望远镜旁边透过的光的。将望远镜和硬纸遮光板一起放在桌面上远离太阳的那个边缘。通过调整支架，使望远镜对准太阳，这可能需要些耐心。小心，不要让望远镜从桌子上掉下来。拿一张厚白纸，把它放在望远镜后面。经过几次尝试之后，你将在纸上得到两个明亮的太阳的像。调整望远镜，直到太阳像变得清晰。如果那天可以看到一个较大的太阳黑子，你就能在这两个太阳像中看出它是一个黑点。

"有时候你一个都看不到，而过一阵子又会看到许多。"我回答道，"有一个特别的规律：大约每隔11年它们就会特别频繁地出现一段时间。人们称之为一个'太阳黑子极大值（Sonnenfleckenmaximum）'。1969年、1980年、1991年就是出现了很多太阳黑子的这样的年份。我们预计下一次极大值大约出现在2012年。此外，这个规律性并不是由天文学家发现的，而是被一位药剂师发现的。他的名字是海因里希·萨缪尔·施瓦布(Heinrich Samuel Schwabe)。"

　　"除了这些不引人注目的斑点之外，你的太阳有没有提供别的什么呢？"保罗想知道。

　　"比那多得多。即便是当日轮上没有黑子的时候，也就是对于天文学家所说的'平静的太阳'来说，太阳表面也处在不断的运动之中——就像沸水的表面一样。太阳中的气体以每小时几千千米的速度在流动着。除此之外，还有一股持续的带电粒子流从太阳流入到宇宙中，它就是所谓的'太阳风'，在地球上引发了极光。有时候，太阳上发生的那些爆炸会喷射出特别多的这种带电粒子，当它们到达地球的时候，就会干扰无线电通讯，有时甚至会影响电力输送。但是太阳上还有更多可以看的东西，这我们就得感谢月亮了。"

"我问的是太阳，月亮到底跟这有什么关系。"保罗不耐烦了。

"我必须先给你们讲讲月亮的一些事情，然后我们才能继续研究太阳。"

# 一个好邻居

"我早就一直想知道的是：为什么满月看起来就像一张脸？"

"那不是脸，莉娜。"我回答道，"那是一些深色的斑痕，我们的想象力可以从中看出各种各样的东西。有些人从中看到了那个著名的'月亮里的人'，另一些人则看到了一只兔子。实际上，它们只是月亮表面的一些深色的平原。"

"那为什么月亮一下子是完整的，后来又只剩下一半或者一个窄窄的镰刀形呢？这怎么可能？"

"关于这个，我们必须得先想想月亮是怎样运动的。"我说道。

"又是一个运动？"保罗问道，"地球围着太阳转，又绕着它自己的轴转，太阳在星星的背景前面移动。然后现在连月亮也运动——这真

**通缉令**

月亮到地球的距离：384000千米（=30个相互连接起来的地球）

直径：3476千米（比地球直径的四分之一多一点）

质量：地球质量的八十一分之一

绕地球转动的周期：27天7小时43分12秒

我们看到的月亮的样子（左）。有些人从中看出了一只兔子（中），有些人看出了一个背上扛着一捆柴火的人（右）

渐圆的月亮被高度放大了：人们在下面的部分看到它深色的"海洋"和月坑

是复杂啊！"

"你说得对，这确实不容易想象。但是和天上的许多东西一样，月亮变换的形状也和它的运动有关：正如太阳用它的引力使地球不会逃脱一样，地球也这样抓着月亮，并迫使它围着地球绕圈。"我第二天晚上给孩子们解释道，"它在一条轨道上移动，绕地球一圈大约需要27天。月亮比地球小，当然更比太阳小。人们得把400个月球相互串连起来才能得到太阳的直径。"

"但是它看起来跟太阳完全一样大。"保罗插话道。

"原因在于月亮离我们要近得多。只因如此，它们两个才显得大小相同。太阳是一个气体球，而月亮却和地球一样，是由固态的岩石构成的。"

这时，月亮已经升起来了。我拿来了双筒望远镜，孩子们把它对准月亮。

"我看到了一些明亮的和阴暗的区域，"莉娜叫道，"下面的那些是山和它们的阴影吗？"

保罗拿起了莉娜很不情愿地让给他的望远镜。

"月球看起来是这样的吗？"他惊奇地叫道，"我在上部看到了一些深色的斑痕，下部有很多……我认为是：一些小圆环。"

"那些是月坑（Krater）。因为它们看起来像圆环，所以也叫环形山（Ringgebirge）。很久以前，一些来自宇宙中的大碎块掉落在那里，形成了月坑。当它们被太阳照射的时候，月坑的边缘就会投下阴影。从前人类曾以为，月亮上大块的深色斑痕是海洋。如今我们知道，它们不是海洋，而是宽阔干燥的平原。尽管如此，天文学家们现在仍然把它们称作mare，是拉丁语'海洋'的意思。你们在上部看到的是晴朗海（Meer der Heiterkeit，也叫澄海），在它下面的是宁静海（Meer der Ruhe）。

1969年7月，第一批人类就是在那里着陆登月的，他们是阿波罗11号任务中的美国宇航员。在右边靠近边缘的地方，你们可以看到危海（Kritische Meer）。在它下方是丰富海（Meer der Fruchtbarkeit）。这个名字当然不恰当，因为它和月亮上所有的'海'一样，也是一片荒原。1970年，当时苏联的一架无人驾驶的太空探测器曾在这里的月球地面上钻了孔，并将样品带回了地球。"

"人们从这里能看到他们当时钻孔的地方吗？"保罗询问道。

"不能，即便是我们使用最高倍的望远镜也几乎看不到什么和那有关的东西。但是你们用我那支小的单筒望远镜肯定可以比用双筒望远镜看到更多的东西。"

"那样的话就把那支单筒望远镜拿过来嘛！"莉娜请求道。我已经把它装配好了，只是还要把它拿到花园里。经过一些准备工作之后，我已经能在视野里看到月亮了。我让他们两个通过目镜来观察，他们非常兴奋。月亮在这支小小的望远镜里呈现出了一幅很美妙的画面。过了一会，两个人都看够了，于是开始思考。

"为什么我们只看到了半个月亮呢？它的另一半怎么了？"保罗问道。

"另一半今天没有被太阳照射到，处在阴影之中。"

"那满月的时候是怎么回事？"莉娜插话说，"那时我们可是看到月亮被完全照亮了。为什么它时而是完整的，时而只有一半呢？"

## 它时来时去

"月亮不同的形状，满月、弦月或者月牙，叫做月相。它们是通过太阳不同的照射产生的。"我说。为此我必须画一张图：

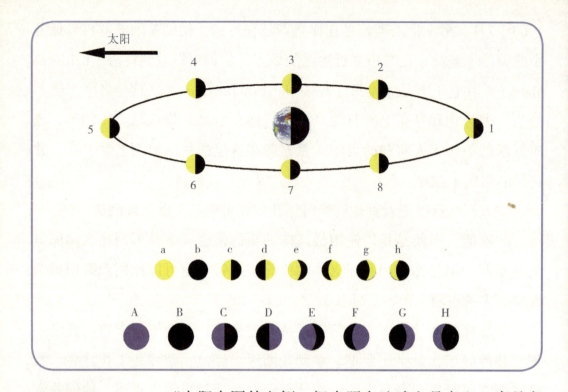

"太阳在图外左侧，把光照在地球和月亮上。当月亮位于太阳和地球中间时，它只有白天在天空中。但是因为它把背阴面朝着我们，所以我们无论晚上还是白天都看不到它——这时候是新月（Neumond）。当月亮在地球后面时，我们就能看到满月（Vollmond），夜晚的时候十分壮丽。它在绕着地球转动的过程中会两次位于一个我们只能看到半个被照亮的月面的位置上，那时候刚好是：弦月(Halbmond)。在新月之前和之后不久，我们只能看到一道细细的月牙。新月之后的月牙令人想起字母 ζ ——我们这时候有一个渐圆的月亮。新月之前的月牙让人想起 α ——这时我们有一个渐亏的月亮。"

一个在地球上的观察者和一个在月球上的观察者看到月球和地球各自被不同地照亮

保罗忽然嗤笑起来："现在我终于明白了那个奇怪的笑话了：月亮上完全不能住人，因为每当它变成细细的月牙的时候，那上面就会挤得要命。"

"但是它可是一点都没变小啊，只是我们看到它被照亮的面变少了。"莉娜也理解了。

"我们只能看到月亮被太阳照亮的部分。由于地球自转，它也与太阳和星星们一样东升西落。因为它围着地球转动，所以它每天都会晚四分之三小时升起。新月之后，它在太阳的东边，在它之后落下，所以可以在傍晚的天空中看到它。新月之前的几天，它在太阳之前升起，所以早上的时候可以看到它。"

"这可真够复杂的。"莉娜皱起了眉头。

"这只是因为我们在自转的地球上观察这些过程。当你乘坐旋转木马的时候，集市上的人们，对你来说，也在复杂地活动着。他们相互之间在运动，似乎也还在围着你转动。"

"那时候我总是感觉很糟糕。"莉娜说。

"当天上的月亮在太阳附近时，那么我们至多能看到一个细细的月牙。而从月亮上，一名宇航员则能在月球的天空中看到完全被照亮的地球。因为地球比月亮大，在月球天空中的地球圆盘的直径大约是月轮在地球天空中直径的4倍。当地球完全被太阳照亮的时候，圆圆的地球可以把月球上的夜晚照得比满月时地球上的夜晚亮得多。圆圆的地球在夜晚

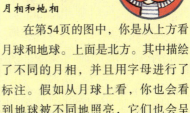

**谁会做**

**月相和地相**

在第54页的图中，你是从上方看月球和地球。上面是北方。其中描绘了不同的月相，并且用字母进行了标注。假如从月球上看，你也会看到地球被不同地照亮，它们也会呈现出相。

1.从地球的北半球上看，月亮在图中画出的8个相对于太阳和地球的位置上分别是什么样的呢？请分别将每个月亮图片的字母a–h分配给标注了数字1–8的各个位置：

1 2 3 4 5 6 7 8

2. 从月球的北半球上看，地球在图中画出的八个位置上分别是什么样的呢？请分别将字母A–H分配给数字1–8：

1 2 3 4 5 6 7 8

**找找看**

**灰光**

在日历中查出下次新月的时间。当天空晴朗的时候，你可以在新月的两三天之后，于日落后在西方的天空中看到细细的月牙。但你会看到月轮没有被太阳照亮的那部分也在发光。那就是灰光。

洒在月球地面上的光，我们甚至在地球上都能看到。在直接被太阳照亮的细细的月牙旁边，我们能看到月轮剩下的部分闪着微弱的光。那就是月亮的灰光(Aschgraue Licht)。"

月亮的灰光

## 月亮一直相同的面貌

"你们是否已经注意到了，我们总是看到月亮相同的一面？无论是渐圆的月亮还是满月，我们一直能在接近右上边缘的位置看到危海深色的斑痕。这是因为月亮在绕地球转动的过程中自己刚好转了一圈。"

"我不明白。"保罗嘟囔道。

"我们这样试一次，假如莉娜是地球，你是月球，围着她转圈。在这个过程中你向前方你跑的方向看。同时莉娜会仔细观察你。"

在保罗围着她转了一圈之后，我问莉娜：

"你看到了保罗的哪一面？"

"总是同一面，一直只看到他的左耳朵。"莉娜叫道。

"那是因为他在转圈的时候，刚好围着他的轴转了一圈。月亮在围着地球转动的时候也是这样做的。因此我们看到的月球的面貌总是一样，它始终把同一面对着我们。有很长一段时间，人类对它背面的样子

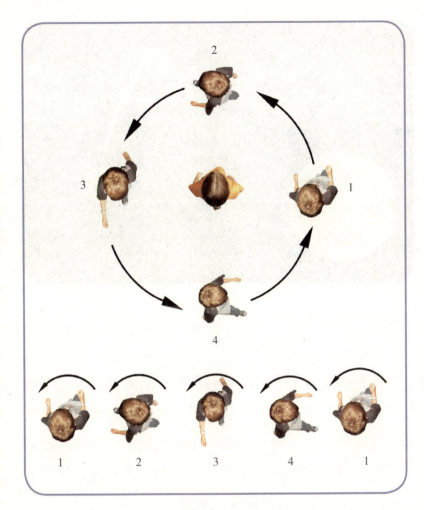

月亮 "保罗"围着 "地球"莉娜绕圈，并在绕一圈的过程中也围着自己绕一圈，如图中的下方所示的那样

都一无所知，直到苏联和后来美国的宇宙飞船绕着月亮飞行，并拍下了它背面的照片。顺便说一句，背面看起来和正面也没有很大的不同。"

## 月亮会影响我们的生活吗

　　"月亮有那么重要吗，以至于我们必须得知道有关它的一切？"保罗问道。

　　"月亮影响着我们。"

**谁会做**

　　一名宇航员站在月球的地面上，刚好看到地球的圆盘在自己的头顶上。它对他来说，会在什么时候落下？

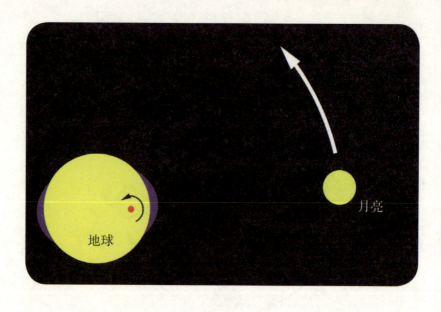

地球和月亮围绕着重心（红色）的共同的运动引起了两个潮水的高峰（蓝色）

月亮

地球

"我还以为你不相信占星术呢？"保罗反驳道。

"当然不相信，我指的是它对海洋的影响。它引起了潮汐现象，也就是退潮和涨潮。当月亮在海洋上空时，它会用它的引力使海水向上抬高一些。水平面会因此上升好几米。所以我们刚好对着月亮的海洋就会涨潮。因为月亮每天在天空中自东向西移动，地球上潮水的高峰也随着它从东向西移动。当高峰接近海岸时，那里的水平面就会上升，淹没低矮的海岸地带。后来，水还会退回去，也就是退潮。"

"那么当月亮在天上的时候，每天都会涨潮吗？"莉娜问道。

"情况还要更复杂一些。月亮的引力也会使整个地球变得有些趔趄。这种趔趄的运动产生的离心力使得地球上背离月亮的那面也会产生潮水的高峰。因此两个潮水的高峰就围着地球运动，每天有两次涨潮、两次退潮。"

"我们在地中海度假的时候完全没有发觉这些。"保罗说。

"潮水的高峰并不是在所有的地方都像在大洋上那么高的。涨潮的高度与海岸的形状有关。在法国南部，涨潮和退潮之间的变化并不是很大。在意大利的亚得里亚海岸（Atriak ü ste），比如在那里的海滨城市格拉多（Grado），涨潮退潮之间的变化会更强烈一些。在那里可能会出现这样的状况：一个人在涨潮时把他的小舟固定在系缆绳的柱子上，6个小时之后却在高高的干燥的海岸护墙上重新找到了它。在法国北部布列塔尼半岛(Halbinsel der Bretagne)的海岸边，潮汐强烈到甚至可以使发电站运转。在我们德国，北海的潮汐现象非常显著，而在波罗地海则相反，那里的人们只能稍微感受到一点潮汐。"

"我有点不明白。"莉娜说着，做出一副深思的表情，"新月的时候，月亮在太阳前面，那么它在这个月里一定会遮住太阳一次。那不是一次日食么？我们到底为什么没有因此而每个月看到一次日食呢？"

是到了该给他们两个讲一些关于日食和月食的事的时候了。

## 昏暗的时刻

月亮围绕地球运转的轨道几乎是一个圆。但是这个圆不在地球轨道所在平面上，即黄道平面上。月亮在它轨道的其中一半上运行时，位于这个平面的上方；在另一半上运行时，又位于平面的下方。因此它每运转一圈，就会两次穿过黄道平面。

## 当鸟儿们忽然沉寂下来

因为在发生日食的时候，太阳、月亮和地球必须同处在一条直线上，所以只有在月亮穿过黄道平面的时候才会发生日食。另外，它必须刚好处在太阳和地球之间。只在很少数的时候，两者会同时符合，因此日食和月食的发生并没有人们可能料想的那么频繁。发生日食的时候，月亮把它的影子投在地球的一部分上。对于生活在那个区域的人们来说，月轮慢慢地遮住了日轮。通常它只会遮住太阳的一部分，不久之后又把它露出来。人们把这称为日偏食。但是有时候，它会把太阳完全遮住几分钟。这样的日全食总是只出现在地球表面的一条狭长的地带上。

我已经看过几次日全食了，并且仍然不能忘怀。那时一种令人印象极为深刻、几乎是令人感到害怕的经历：

"当白天之中有几分钟变成了黑夜，当鸟儿们停止了歌唱，当花朵都合起了它们的花瓣时，天空变得越来越暗，星星显现出来，这种景象可以极大地触动人的心情。我曾经见过几个这样的成年人，他们在那个时刻泪流满面。"

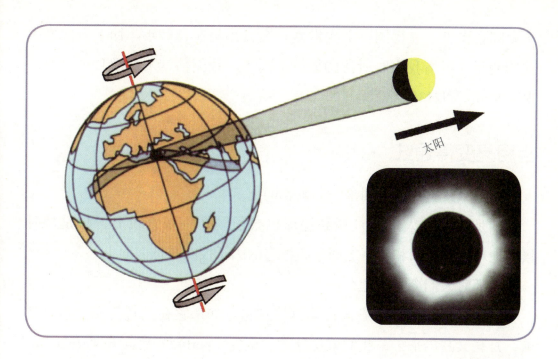

"他们为什么会大哭起来呢？"保罗问道，"究竟那时能看到什么？"

"月轮昏黑地挡在太阳前面，刚刚还照亮整个天空的光芒突然间消失了。这时，你还能看到太阳邻近的往常被照耀着的周边区域：闪着红光的火舌出现在月轮后面。天文学家称之为日珥（Protuberanzen）。环绕着黑色月轮的光环叫做日冕（Korona），它的末端向黑暗的天空中伸出很远。既然对于我们这些已经提前知道会发生日食的人来说，这样的经历都会触动我们，那么对于那些因为这件不寻常的事而深感意外的人们来说，这得多么令人感到不安和威胁啊！我经历过4次这种状况，但是为此我通常都不得不跑过半个地球。"

"你为什么不在德国等着日食呢？"

"尽管人们在每个国家都可以多次观察到日偏食，但与之相反，日

月亮把它的影子投在地球上。站在适当位置上的人能看到，太阳是如何短暂地被月亮完全遮住的

全食却很少见。在德国，上次发生日全食还是在1887年。而上一次发生在1999年。可惜我当时所在的地方下雨了。我们估计下两次日全食将出现在2081年和2135年。"

## 当月亮变得通红

"那么月食是怎么回事？"莉娜问道。

"那时候，太阳、月亮和地球也必须同在一条直线上，只是那时候，地球位于太阳和月亮之间，并把它的影子投在月球表面上。"

"那时人们会看到什么？"

"那时候，一个黑影慢慢地遮住月轮。如果它在把月轮完全盖上之前，月亮又露出来了，我们就说这是月偏食（partielle Mondfinsternis）。如果月亮完全被阴影盖住了，那就是月全食（totale Mondfinsternis）。在这里也是全食尤其令人难忘。"我说道，"因为月亮绝不是不可见的。它那时发出深红色的光。"

"当它处在阴影里时，也在发光吗？"保罗很吃惊，"它是热到发红了么？"

"不是，如果你设想一下，你那时候站在月亮上的话，就能最好地理解这个红光了。对你来说，地球那时慢慢地遮住了太阳，你会观察到一次日全食。尽管如此，月球上并不是黑暗的。地球的大气层像一个发光环一样，围绕着黑色的地球圆盘。透过地球大气层的光变成了红色，就跟正在下落的太阳所发出的光一样。这个光随后落在月球表面。从地球上看，变昏暗的月亮发出红色的光。因为发生月食的时候，地球处在月亮和太阳之间，所以月食只出现在满月的时候。而日食则相反，只在新月的时候出现，因为那时候，月亮处在太阳和地球之间。"

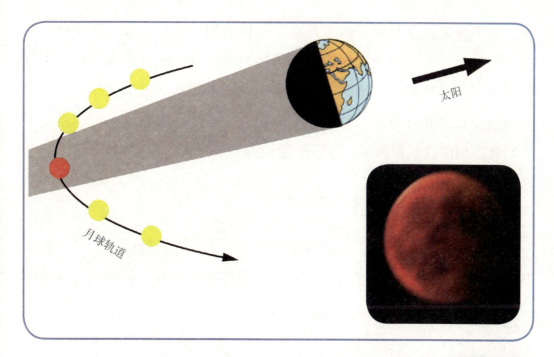

图中标注：太阳

图中标注：月球轨道

月亮从地球的阴影中穿过，在我们的天空中显得黯淡了（如图中右下）

　　"日食和月食什么时候会在哪出现是可以预报的么？"莉娜想知道。

　　"天文学家可以很准确地预测。"我回答道，"他们甚至可以回溯历史，推算到几千年前，确定当时从哪个地方能观察到日全食。所以我们知道，例如在公元前135年的4月15日，月亮的阴影一定曾经从巴比伦，那座位于今天伊拉克的巴格达附近的古老城市上空掠过。事实上，有一份来自那个时候的年代久远的报道提到了这次日食。"

　　"我可以用我的小计算器算出下一次日食或月食出现的时间吗？"保罗问道。

　　"如果你有适当的程序，用一台个人电脑就可以做到。"保罗看起来有点失望。"但是有一个人们早在几千年前就知道的很简单的粗略规则。它并不总是正确的，不过在大多数情况下，你都可以用它正确地推算。它不仅适用于日食，对于月食也同样适用：在每一次日食或月食出现后的18年零大约11天的时候，很可能会再出现一次日食或月食。它也可能会早一天或晚一天出现。根据这个规则，天文学家早在几千年前就开始预测日食和月食了。看看两个中国天文官的悲惨命运，你们就知道人们有多相信这些预言了。"我给他们讲了关于羲、和的故事。

## 一次结局骇人的日食

"在4000多年前，中国曾发生了一些令人心惊胆颤的事。天上有一条巨龙开始吞食太阳。那时候，人们一直都通过击鼓、射箭和大声喊叫的方式来阻止那只怪兽，让它把太阳重新吐出来。但是人们需要为此做准备，而天文官的任务就是提醒人们注意即将发生的日食和月食。不过皇上的那两名天文官羲、和却玩忽职守、烂醉地躺在他们的天文台里。在天文官没有预告的情况下，那条龙就忽然在正午的时候开始吞吃太阳。那是一次日全食。在最后的关头，人们终于成功阻止了灾难：受到巨大响声的惊吓，那条龙把太阳吐了出来，天色又变得明亮起来。不过皇帝还是将那两名天文官斩首了。"

**实验**

**日食和月食的预测**

我们以2004年为例：那时在4月19日和10月14日分别出现了日偏食。可惜两次都不是在我们这里能观察到的，而是在南非和亚洲。在5月4日和10月28日各出现了一次月全食。

我们往后数18年，那么就到了2022年。现在我们在日期上加上11天：从4月19日得出4月30日，从10月14日得到25日。实际上，在2022年的这些日子里会出现两次日偏食；同样地，在5月16日和11月8日会出现两次月全食。不过这个规则只是几乎一直是对的，如果你的预测将来出现了偏差，也不用感到吃惊。

# 印第安人天空中的不幸

"你们还想再听一个故事吗？"

莉娜和保罗点点头。

"你们肯定还记得克里斯托弗·哥伦布，美洲大陆的发现者吧。在他的第一次航行之后，哥伦布又三次前往那些新发现的岛屿。他的最后一次航行变得非常艰难。当他到达今天被称为牙买加的那座岛，并不得不上岸的时候，他已经航行了两年。他的那些船只在暴风雨中损坏了，木制的船体也被虫子蛀坏了，他不能再继续航行了。船队也不再服从哥伦布的指挥，当时他已经是一位53岁的老人。为了活下来，他们曾依靠

**数字与记录**

**近年来的日食**

在中欧能看到的日偏食：2005年10月3日

2006年3月29日

2008年8月1日

2011年1月4日

在世界其他地方能看到的日全食：

2005年4月8日：巴拿马、哥伦比亚、委内瑞拉

2006年3月29日：尼日利亚、尼日尔、利比亚、土耳其

2008年8月1日：加拿大、格陵兰、西伯利亚、蒙古、中国

2009年7月22日：印度、尼泊尔、中国

2010年7月11日：智利、阿根廷

当地原住民的帮助。刚开始，这些人还表现得很友好。然而当他们意识到这些白人束手无策时，他们提供的食物就越来越少了。最后他们甚至变成了威胁。哥伦布每天不得不准备好应对一次针对他的营地的袭击。他和他的部下很有可能过不了多久就会被杀掉。但是哥伦布很幸运。为了在海上航行时能根据星星辨别方向，他带了一本天文日历。它是由被人称作雷纪奥蒙坦纳斯(Regiomontanus)的德国天文学家约翰·谬勒(Johannes Müller)制作的，其中也包含了对日食、月食的说明。上面预言说1504年2月29日将发生一次月食。而那一天就快到了。于是哥伦布把酋长们都请到了一次聚会上，并警告他们说：'基督教的上帝对你们非常愤怒，因为你们让我们挨饿。为了表示他的愤怒，今晚它会把月亮从

**数字与记录**

**近年来的月食**

　　2004年5月4日　月全食

　　2004年10月28日　月全食

　　2006年9月7日　月偏食

　　2007年3月3日　月全食

　　2007年8月28日　月全食（在欧洲看不到）

　　2008年2月21日　月全食

　　2008年8月16日　月偏食（只能在欧洲看到）

　　2010年12月21日　月全食（在中欧只能看到月偏食）

天上拿走。'酋长们都大笑起来。然而当傍晚，满月升起的时候，一个黑影落在了它的上面，月亮升得越高，颜色就变得越深。不久之后，天上就只剩下一轮血红色的圆盘。印第安人都不再嘲笑了，他们赶快伏在地上，恳求哥伦布让他的上帝改变主意。哥伦布答应了这个请求。然后人们看到，月亮渐渐变得明亮了，直到它再次十分壮丽地挂在天空中。从那时起，当地人开始给哥伦布和他的部下们提供富足的食物——直到有一天，另一艘西班牙的船只从岸边驶过，把这些滞留在岛上的人接上了船。"

# 宇宙大家庭

在日落之后不久，我们还散了一小段步。忽然，莉娜站住不动了。

"它又在那了，那颗长庚星！"她叫道。在西边，天空还是亮的，但是在地平线以上大约一掌宽的位置有一颗明亮的星星在闪烁。

"长庚星其实根本不是恒星星，它是一颗叫做金星的行星。"我说道。

"行星是什么？"保罗想知道，"是像大熊星座里的那些星星吗？"

"不是的，恒星都是太阳。因为它们距离我们比太阳要远得多，所以我们只能看到它们闪着微弱的光。"我回答道，"甚至连北极星、仙后座的星星们和几千颗其他的星星也都是遥远的太阳。它们相互之间的位置变化不太明显。所以人类之前曾认为它们是被固定天球上的，准确的说是被粘住了，于是将它们称为恒星；金星则不同，它是一颗行星。与恒星相比，它离我们比较近一些。它的光芒到达地球大约需要6分钟；而麦沙（Mizar，即开阳星——译者注）的光芒则要经过88年才能到达我们这里。恒星是太阳的兄弟姐妹，而行星是地球的兄弟姐妹。和地球一样，金星也围着太阳转动，本身不发光。它在天空中射出的光芒是太阳光，就像月亮的光一样。恒星表面的温度有几千度；与之相反，行星的表面是冰冷的。有几颗行星上面比地球上更热，而大多数行星都比地球冰冷得多。"

"其他行星上面是什么样的？人类已经到过那里了吗？"保罗问道。

"那里也像我们这儿一样有海洋和山峰吗？"莉娜很激动地说，"我曾经在电视里看过来自遥远的行星上的居民，他们有着尖尖的耳朵和好几个鼻子。"

"你们一次问了太多的问题了。人类只去过月球。美国人和俄罗斯人曾把可以从近处拍摄照片的无人驾驶的太空探测器送到了其他行星上。有几个探测器还曾在行星上着陆，并用无线电将那里的照片传送回地球。然而我们还没有在它们的上面发现过任何生物。"

两个孩子肯定还想知道更多有关的事情，但是已经先到了该去睡觉的时间了。

当莉娜叫醒我的时候，肯定已经将近午夜了。

"爷爷，快过来，那个UFO（不明飞行物）又在那了。我刚才睡不着，就向窗外看，忽然它就从大熊星座里出来了。快来啊！"我跟着莉娜到了她的房间。这时，吵闹声也把保罗吵醒了。

当莉娜站在窗前的时候，她失望地说："我现在又看不到它了。"

"你就因为这个把我们叫醒的吗？"保罗责怪她，"你肯定是又做梦了。"

"但是你是相信我的吧？"莉娜恳求地望着我。我不知道该说什么好。或许她真的只是在梦里见到了那个UFO。

## 九个从未相遇过的兄弟姐妹

第二天早上，我们可以开始我们的行星之旅了。

"到底有多少颗行星在围着地球转动呢？"保罗问道。

"比天文学家目前为止所能计算的还多。"我回答道，"因为很多都太小了，还没有人注意到它们。最亮的5颗很久以来就已经为人所知了。它们是水星、金星、火星、木星和土星。"

"还有地球。"莉娜补充道。

"当人们用望远镜观察天空的时候，还有另外三颗新的行星：天王星、海王星和冥王星[译注：所谓太阳系"九大行星"是历史上流行的一种说法，即水金地火木土天海冥。在2006年8月24日于布拉格举行的第26届国际天文联会通过的第5号决议中，冥王星被划为矮行星，并命名为小行星134340号，从太阳系九大行星中被除名，所以现在只有八颗行星。2006年国际天文大会给行星一个明确定义。一是必须是围绕恒星运转的天体。二是质量足够大，能依靠自身引力使天体呈圆球状。三是其轨道附近应该没有其他物体。（摘自2012年5月29日凤凰卫视网〈天文航天〉）]。加上地球一共是九个。"

**问与答**

**行星会拐着弯儿地飞吗？**

　　水星和金星总是在太阳附近。它们在一年之中和太阳一起沿着黄道线移动一圈。有时候，它们赶到了太阳的前面，有时候又跟着太阳。那些轨道在地球轨道外面的外行星慢慢地沿着黄道线自西向东移动。但是由于我们是从本身也在围着太阳转动的地球上看它们，所以它们的运动方向总是一再掉头。从我们这里看来，它们在拐着弯儿地移动。

　　"还有月亮，"保罗问道，"你把它忘了吗？"

　　"没有，月亮围着地球转动。所以它不属于行星。其他的行星也有月亮（即卫星——译者注）。这些行星是一类大家庭，太阳是家长。"

　　"这些行星都跟地球一样围着太阳转动么？那我们不会和它们撞在一起吗？"

火星这颗行星在天空中划弧线，但是一直保持在黄道线附近

"不会的，几乎所有行星都跟地球一样，在一个近似圆形的轨道上运动。每一条轨道的直径都不同，没有哪条轨道会和另一条相交。所以我们不必担心地球会和它的兄弟姐妹们撞在一起。虽然和恒星相比行星们比较接近，但它们之间仍然相隔遥远。水星在最内层的轨道上围绕着太阳转动，再往外一些是金星。然后再往外一些，就是我们和地球在运动，接着是火星、木星、土星、天王星、海王星和冥王星，你们能记住这个顺序吗？"

"水星、金星，然后是火星？"保罗问道。

"错了，然后是地球。有一句口诀，你们用它可以容易地记住这个顺序。注意每个词的开头字母：'Mein Vater erklärt mir jeden Sonntag unsere neun Planeten'（意为：我的爸爸每个星期天给我讲述这九颗行星），所以从内到外分别是：水星(Merkur)、金星(Venus)、地球（Erde）火星(Mars)、木星(Jupiter)、土星(Saturn)、天王星（Uranus）、海王星（Neptun）和冥王星（Pluto）。"

（这里的口诀是依据德语单词首字母来记忆，英语中也有类似的口诀：My Very Excellent Mother Just Send Us Nine Pizzas!

## 问与答

### 哪里有行星路？

最长的行星路（关于行星路详见下页文字）在福格特兰县（Vogtland）的奥马/措伊伦罗达（Auma/ Zeulenroda）。在那里，人们从"太阳"到"冥王星"必须要走过12千米。不愿意走这么远的人可以去万讷-艾克尔/黑尔讷（Wanne-Eickel /Herne）。在那里，"冥王星"离"太阳"只有750米远。对太阳和那些行星的描述各不相同，有些用的是路标牌，其他地方会用比如放在地上的铜板。德国的其他几个有行星小路的地方分别是：巴德拉斯菲（Bad Laasphe），罗塔尔山（Rothaargebirge）自然公园东部，哥廷根，威斯特法伦州的哈根（Hagen），慕尼黑，富尔达（Fulda）旁边的诺伊霍夫（Neuhof），科堡旁边的下锡茂（Untersimau），瓦尔讷明德（Warnemünde），浪漫之路上的威克斯海姆（Weikersheim）和伍珀塔尔（Wuppertal）。在瑞士瓦特州内的阿尔卑斯山前地区的雷珀莱亚德山（Les Pléiades）上有一座天文公园。而在奥地利，你们可以在施蒂利亚州（Steiermark）内的从莱滕艾格（Rettenegg）到施杜克莱克（Stuhleck）的路上找到一条行星路。

意为：我的好妈妈刚刚为我们送来了9块匹萨饼。而九颗行星的中文记法可以把各行星第一个字串起来，即：水金地火木土天海冥。——译者注）

"那么水星就挨着太阳在最里面，冥王星在最外面？"莉娜问道。

"是的，"我说，"但是你们完全无法想象，行星轨道相互之间的距离有多远。我的一位天文学家朋友曾经用一个比喻来解释它：假设我们把太阳和行星都缩小，1000千米只有1毫米大小。那么太阳就是一个直径不足1米半的球。水星就是一颗豌豆，在60米远处围着太阳转动。金星和地球就是两颗欧洲榛子，分别在100米和150米远的地方。火星又是一颗豌豆，在距离太阳230米远的地方。木星是一棵直径14厘米的卷心菜，在800米远处；土星是一棵直径小了2厘米的卷心菜，在1400米远的地方。而我们不得不把天王星和海王星想象成是

分别在3000米和4000米之外的两个橘子。最后是豌豆冥王星在将近6000米（即6千米）远的地方划着它的轨迹。在这个模型中，最近的恒星在40 000千米远的地方。另外在很多州（德国的地方行政区划，类似于中国的省——译者注）都有所谓的行星路。它们就像是有着缩小了的太阳球、木星圆白菜和冥王星豌豆的模型。各个行星的标志被沿着这些路竖

立起来。有谁在那里从模型中的太阳走到冥王星，就会感受到我们的行星系统中的那些距离。"

"行星们也从东方升起，在西方落下吗？就像太阳、月亮和星星那样？"莉娜问道。

"是的，通过地球的自转，它们看起来好像也在升起和落下。但是除此之外，行星还缓慢地在恒星天幕上移动。它们的轨迹几乎在黄道平面上，所以这些行星于天空中在黄道线附近移动。但是因为这些行星跟地球一样围着太阳转动，所以它们在天上的运动更加复杂。"

## 关于水星和金星

"水星是最内侧的行星，它跟我们的月亮相似。它的重力太弱了，不能抓住大气层。所以在它的表面也没有生命。从宇宙中掉落的石块在它的表面砸出了许多陨石坑，因此它的地貌看起来与月球上相似。"

"我们能看到水星吗？"莉娜问道。

"它在接近太阳的地方运动，近得连在天空中也始终位于太阳的附近。它到太阳的距离几乎不超过两掌宽。在太阳旁边这么近的地方，水星在大多数情

**通缉令**

**被太阳牵引着——水星**

**到太阳的距离：**57900000千米（=3光分13光秒）

**环绕周期：**88个地球日

**直径：**4850千米（比地球直径的三分之一多一些）

它没有卫星（月亮），也没有大气层。

**通缉令**

**金星——一颗炎热的行星**

**到太阳的距离：**108000000千米（=6光分）

**环绕周期：**225个地球日

**直径：**12140千米（几乎和地球一样）

它没有卫星，有一层很厚的、不透明的大气层。

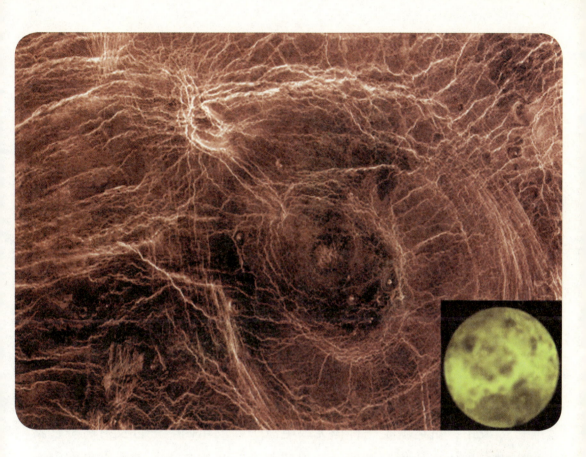

况下都在天光中黯然失色。它只会偶尔短暂地被在清晨或傍晚的朦胧中看到。我自己在这样的情况下只见过它一次。但是在日全食的时候，水星就明亮地挂在太阳旁边黑暗的天空中。"

太空探测器不能看透金星浓密的云层（右下），但是经过计算机分析的雷达图片为我们展示了金星表面的丛山

"你说我昨天晚上看到的那颗星星是金星。但它也在太阳附近，而尽管如此，它还是清晰可见。"

"金星在大约2倍远的距离处围着太阳转动。因此它在天空中距离太阳也比水星更远。但是它到太阳的距离从来绝不超过4掌宽，这就够了。因此它可以作为长庚星或者启明星明亮地在天空中闪烁。如果它现在是长庚星，在大约20个月后它会再次成为长庚星。它作为启明星的出现也

遵循相同的时间间隔。因为水星和金星在天上始终处在太阳附近，所以它们在午夜的时候从来不会被看到。"

"金星上面到底是什么样的呢？"保罗想要知道。

"人们从外面什么都看不到。"我回答道，"一层厚厚的云层包围着它。尽管如此我们还是很了解云层下面的样子。在1970年，一台苏联的太空探测器带着降落伞着陆在笼罩着云层的金星表面上。从那以后，我们便知道那里是炎热的。那台探测器曾测量到460℃的高温！"

"那没有宇航员能受得了！"保罗叫道。

"那台探测器也没能忍受过一个小时。不过它把照片用无线电发送回了地球，照片上显示了一片碎石的荒地。那里没有水，更没有植物的踪迹。但是我们又得到了一些关于金星的完全不同的图片。你们知道什么是雷达吗？"

"知道，爸爸去年夏天还在骂一台雷达捕捉器呢，因为他超速了。"

"没错，雷达就是一种像无线电波一样的东西。一台发射器将它发射出来，它遇到的物体又把它反射回来。"我解释道，"在金星这次事件中，那台发射器就在一台围着这颗行星转动的太空探测器里。雷达波穿过云雾，被金星地面反射回来。这样，探测器上的计算机就可以计算出那里的地面是什么样的了。它绘出了金星表面的地图，并发现那里耸立的山峰高达12000千米。"

"水星和金星的轨道在地球轨道内侧，"我接着说，"所以它们也叫做内行星。"

"那它们这样每转一圈都会从日轮前面经过。人们肯定能看到这个过程，至少能用望远镜看到。"保罗说。

"是的，但是这和月食、日食的状况一样。水星和金星几乎总是不是在日轮上边飞过，就是从日轮下边过去。只有在很少的时候，人们会看到一颗内行星从日轮前面沿着它划过。金星下次会在2004年6月7日和2012年6月5日作为一个黑点出现在日轮前面。在那之后却要再过100多年才会再出现。"

"如果它们是内行星，那请给我们讲一些关于外行星的事吧。"莉娜说。

"接着水星和金星之后就是地球，正如你们所知道的，其他的就是外行星。"我开始说，"首先就是火星，它在天空中显出微红色。"

## 当那颗红色的行星威胁着我们的时候

"关于火星，我一定要给你们讲一个大约80年前发生在美国的离奇故事：那是在万圣节前夜。孩子们将南瓜掏空，在外壳上刻出眼睛、鼻子和嘴，然后把点亮的蜡烛放进去。那些闪烁的鬼脸透过窗子在夜里冷笑着。当秋风把干枯的树叶吹过花园的时候，花园里发出了窸窣的声音。偶尔会有什么东西在拍打着窗户，但外面却没有人。数百万的美国人在这天晚上坐在他们的收音机前——那时候还没有电视机——仔细倾听着哥伦比亚广播公司的电台在一家纽约的旅馆里播送的音乐。然而舞曲忽

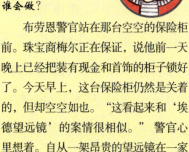

**谁会做**

谁会做？

布劳恩警官站在那台空空的保险柜前。珠宝商梅尔正在保证，说他前一天晚上已经把装有现金和首饰的柜子锁好了。今天早上，这台保险柜仍然是关着的，但却空空如也。"这看起来和'埃德望远镜'的案情很相似。"警官心里想着。自从一架昂贵的望远镜在一家公司的仓库中消失之后，埃德就得到了他的绰号。

第二天，他让人把埃德带到了派出所："前天晚上接近午夜的时候你在哪里？"

"我在欣赏夜空，"埃德回答道，"那是一个寒冷的冬夜，天空一直到地平线都很明朗。我看到了银河和猎户座。金星在南边的天空中闪着最明亮的光，比它旁边的天狼星还要明亮。您真应该看的，警官先生。"

"警卫！"警官喊道，"请把他押走。他明年很可能得透过监狱的窗户来欣赏夜空了。"

埃德的不在犯罪现场的证明有一些不对的地方。是什么暴露了他？

然停了下来。'女士们、先生们，'广播员说，'我们要中断一下我们的广播节目，并带来一条重要的新闻：芝加哥天文台的天文学家们发出通知，称某个东西正在高速地朝着地球飞来。'在这条通知之后音乐再次响起，但是它一再地被新的特别报道打断。最后终于播出了来自新泽西的直播，根据广播员的报道，那里的一家农场的土地被一个金属物体击中了。那个神秘的物体忽然打开了。'女士们、先生们，那是我所见过的最可怕的场面。有某个东西从这个空心体中走了出来，里面有两个圆片在发光。那是眼睛吗？那可能是一张脸。那……天啊！有什么东西从黑暗中慢慢地爬了出来，就像一条灰色的蛇。后来还有更多。现在我能看见它的整个躯体了。它的大小和熊差不多，像潮湿的皮革一样闪着光。但是那张脸！我几乎没法逼着自己看过去。它的嘴唇没有边缘，从里面滴出了口水。我还从未见过这么可怕的东西……，"孩子们紧张而仔细地听着。

**通缉令**

**火星——红色的行星**

**到太阳的距离**：228000000千米（=13光分）

**环绕周期**：687个地球日

**直径**：6790千米（大约是地球直径的一半）

火星有两颗卫星和一层薄薄的大气层。

"很多听众认为是火星人来占领地球了。人们蒙上头巾离开了他们的家。数百人涌到了纽约火车站和公共汽车站，想要尽快离开这座城市。人们挤在教堂里祈祷。然而这些受惊的人们在广播里听到的实际上只是一出广播剧。这个节目是由一位23岁的导演执导的，他后来成为了一位著名的电影演员。他就是奥逊·威尔斯（Orson Welles）。他成功地为听众们生动地描绘了外星人的入侵，以至于听众们都将这个故事信以为真。"

孩子们紧张地听着。

"人们为什么担心那可能是火星人呢？"莉娜问道。

"人们长期以来一直怀疑火星这颗行星上居住着高智商的生物。这种猜疑开始于火星运河。"

"那到底是什么东西？"保罗问道。

"在1877年，也就是大约130年前，米兰天文台的负责人曾用高倍望远镜观察火星。他看到了这颗行星红色的圆盘和它上面的一些颜色较深的斑痕。然而当他看得更仔细时，他看到了一些细小的线，它们像蜘蛛丝一样分布在火星表面。他把这些细小的形状称作运河。它们会不会是用来把水引到火星的荒漠里的呢？那样的话，火星上一定居住着高智商的生物。然而实际上火星运河根本不存在。这在后来，当太空探测器在近处拍摄这颗行星的时候，才变得明朗。在人们估计会有运河的地方根本看不出什么特别的东西。这颗行星的表面遍布着没有水的荒漠，它在夏季中午时的温度是零下30℃。冬天时温度计显示的温度是零下140℃！并且那里还刮着沙暴——这对于生命来说不是

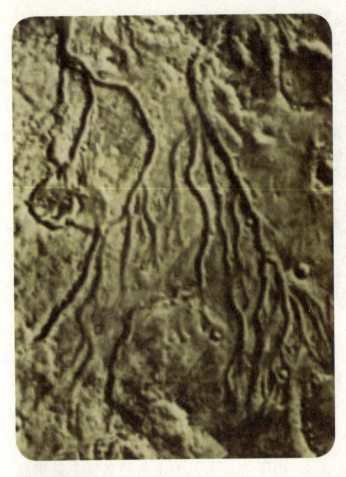

太空探测器在火星上发现了干涸的河床

那么友好的气候。"

"真可惜，"莉娜说道，"在宇宙中的某个地方肯定有人类，或者至少也有动物和植物。"

"火星发出红光可能是因为那些存在于石头和沙粒中的生了锈的铁。你们是知道的，铁锈是红色的。因为红色让希腊人和罗马人想起了血，所以他们用战神的名字来命名它，希腊人叫它阿瑞斯（Ares），罗马人叫它马尔斯（Mars）。"

"火星上完全没有水吗？"莉娜问道。

"火星的两极结着冰，我们会在那看到白色的区域，它在火星春天的时候融化，在火星秋天的时候又开始扩大。但是那不只是由结冻的水构成的冰，还有我们所说的干冰，那是结冻的二氧化碳。这种气体会从我们的气泡矿泉水的小气泡中冒出来，在火星上，它们是结冻的。但是火星上以前很有可能曾有过水。这我们可以从火星的那些'河流'中判断出来。"

"真正的河流吗？"保罗问道。

"它们使人想起地球上的河流，只不过里面没有水在流动。那些是干涸的河床。也许以前那里有过比较温暖的气候，河流从山间流入山谷。"

"也许有动物来到岸边饮水？"莉娜补充说。

"这我们不知道，"我说，"另外，火星还用它的引力抓着两颗卫星围着它转动。火卫一（Phobos）是两颗之中较大的那颗，直径大约27000千米。它上面覆盖着陨石坑。另一颗火星卫星是火卫二（Deimos），直径只有1万2千千米。"

## "巨人"木星

"罗马人用他们最有权力的神的名字命名了一颗行星。"我讲道，"事实上，它是最大的一颗行星。它用它的引力将一群数目庞大的行星吸引在它的周围。当意大利天文学家伽利略（Galileo Galilei）在400年前第一次将一台望远镜对准木星的时候，他就看到了四颗围绕着这颗行星转动的卫星。最里面的一颗叫伊娥（Io，即木卫一）。几年前，太空探测器在它上面发现了喷涌出液态硫磺的火山。紧挨着的那颗卫星叫做欧罗巴（Europa，即木卫二），它被一层冰壳覆盖着，下面很可能隐藏着一片广阔的海洋。另外两颗叫盖尼米得（Ganymed，即木卫三）和卡利斯托（Kallisto，即木卫四）——这些名字全都来自希腊神话世界。"

"木星上也没有居民吗？"莉娜想要知道。

**通缉令**

巨大且有影响力——

木星到太阳的距离：778000000千米（=43光分）

环绕周期：4333个地球日（=11个地球年和315个地球日）

直径：142600千米（大约是地球直径的11倍）

它拥有超过50颗卫星，被一层薄薄的环形系统包围着，有一层浓密的大气层。

行星木星：厚厚的云带阻挡了我们观察它的表层的视野

"它根本就没有人们可以站立在上面的固态表层。天空晴朗的时候，我会在望远镜里给你们指出木星。它在我们看来就好像一个圆盘，你们会看到云带，它们像一些带子一样环绕着它。木星的大气层厚到我们完全看不到它的表面。1995年，一台美国的太空探测器将一个测量仪发射到它的大气层里。测量仪带着降落伞慢慢下降，在此期间将测量值用无线电发回母飞行器（Mutterfahrzeug）：大气层上部的温度约为零下150℃。这台木星探测仪（Jupiterprobe）穿越了由冰晶构成的厚厚的云层，也飞过了里面肆虐着时速600千米的飓风的气层。越往下的地方，空气越密集。当时的温度很高，先是把降落伞融化了，最后金属的部分也融化了。其余的部分坠入了一片液态氢的海洋中。"

木星的世界让两个孩子觉得非常的陌生，我们就这样马上转到了下一颗行星。

**找找看**

*木星卫星*

在天文日历或日报中查出，木星目前在天空中所处的位置。用一架望远镜——越大越好——来观察木星。在这颗行星的小圆盘旁边，你会看到好些亮点。那些是最明亮的木星卫星。有几颗可能位于圆盘前面或者后面。正如你看不到那些位于行星阴影中的卫星一样，你也看不到这些卫星。在多个夜晚观望天空，你就可以追踪到，这些卫星是如何运动的。

## 光环先生

"当我们离太阳再远一些的时候，我们就来到了土星。"我说道，"当第一批观察者在望远镜中看到它的时候，他们都惊讶于它奇特的形状。那不是圆盘形，而是一个稍长的形状。有些人认为，它看起来好像

行星土星和它的环形系统

一把有两只耳朵的水壶。直到1656年，一位荷兰的学者才辨认出，它是一个球体，被一个环形片环绕着。"

"一个环形片？"保罗问道。

"它看起来像一张薄片，但却是由松散排列的石头组成的一些环形线，围着这颗行星划出它们的轨迹。这个环形片是由一些极小的卫星组成的。

**通缉令**

**土星，被环绕的行星**

**到太阳的距离**：1427000000千米（=79光分）

**环绕周期**：10759个地球日（=29又二分之一个地球年）

**直径**：120200千米（大约9又二分之一个地球直径）

它拥有超过23颗卫星，被一个环形系统围绕，并且有一层浓密的大气层。

人们并不知道这张薄片是如何形成的。在过去几十年间从土星旁边飞过的太空探测器把图片用无线电传回了地球。它们显示，土星被几千条细细的环线围绕着。不久之后，卡西尼号太空探测器将飞抵土星，到时候我们会对它有更多的了解。这台探测器将把一个探测仪投入到土星卫星泰坦（Titan，即土卫六）厚厚的大气层中，它会像那颗木星探测仪一样，带着降落伞向下降落，并把测量值传送给我们。"

"我们的地球有圆环吗？"保罗问道。

"据人类所知，没有。不过……"我恰巧想起了一些事，"它有一个由人造卫星组成的环。许多卫星发射出那些我们可以用卫星电视接收器来接收的电视节目，它们几乎都在同一条轨道上围着地球转动。"

"胡说！"保罗叫道，"在我们邻居家屋顶上的接收器是用螺钉固定的，一整天都朝着同一个方向。如果它一直对准一颗特定的卫星，那么接收器肯定要移动。"

"宇航学的工程师们已经把电视卫星送进了赤道上空的一条轨道上，在那里，它们在整好一天之内围着地球转动一圈。当我们在地球上从西向东移动时，卫星也朝着这个方向移动。因此它对于我们来说，总是处在天空中的同一位置上。所以这些接收器不必转动。这条特殊的轨道位于赤道上空约3600万米的高度上，叫做地球静止轨道（geostationäre Umlaufbahn）。那里不只运行着电视卫星，也运行着那些负责世界范围内电话通信的卫星。如此看来，地球也有一个圆环，一个人类创造出来的圆环。"

## 天王星是如何暴露了海王星的

"在你的记忆口诀里，现在应该讲到'unsere neun'了，也就是天王星（Uranus）和海王星（Neptun）。"莉娜说着又问道，"他们也是以古老的神的名字来命名的吗？"

"是的，不过我们到目前为止所讲过的那些行星早在几千年前就为人所知了。所有剩下的都是天文学家们在近代才发现的。"

**通缉令**

天王星——

又是由气体构成的

到太阳的距离：2870000000千米（=2光时39光分）

环绕周期：84个地球年

直径：51000千米（4个地球直径）

它拥有超过20颗卫星，一个由一些细环组成的系统，以及浓密的大气层。

"为什么它们没有在以前就已经被发现了呢？"保罗想知道。

"天王星和海王星在天空中不够明亮。一颗行星的轨迹越往外，照在它上面的太阳光就越少。从它表面随后反射回来的少量的光中，我们在遥远的地球上只能接收到极小的一小部分。因此，人们只能通过高倍望远镜才有可能发现这些行星。一位德国音乐家威廉·赫歇尔（Wilhelm

Herschel）最先注意到了天王星，他在英国工作，并在那里以天文学家的身份著称。1781年3月13日，他偶然地在望远镜中注意到一颗星星，与那些以亮点的形象出现的遥远的恒星不同，这颗星看起来像一个朦胧的小圆片。在接下来几个晚上的观察中，赫歇尔看到，这个奇特的光点相对于其他星星移动了。这个光点是一颗行星！它被称为天王星。"

"那么天王星是什么样的呢？"莉娜问道。

"在它被发现的205年后，一台美国的太空探测器从它旁边飞过。从那时候开始，我们得知了更多关于它的事情。天王星是一颗气态行星，至少有10条细细的环形线围绕着它。那台探测器的任务就是拍摄这颗行星和它的卫星们。刚飞近的时候，就已经发现了10颗当时还不为人知的卫星，在这个过程中，人们在地球上无法插手，因为每个无线电信号需要2小时49分钟才能到达探测器。那时候它早就飞走了。尽管如此，还是成功地拍到了照片。"

"然后它又继续飞往海王星了吗？"保罗问道。

"是的，这个旅程又持续了三年半。"我回答道，"大约在160年前，当天文学家们在天空中观察那颗新发现的天王星时，他们发现了海王星的踪迹。他们注意到，天王星没有精确地在太阳、木星和土星引力的牵引下所应走的路径上运动。是什么影响了天王星的运动？一位法国的天文学家和一位英国的天文学家猜测，可能有一颗未知的行星用它的引力使海王星发生了偏移。两位天文学家互不相识，各自估算出那个'干扰者'可能的所在位置。而实际上，波茨坦天文台的一位德国天文学家在估算的位置上找到了一个小光点。这颗新发现的行星得到了尼普顿（Neptun，即海王星）这个名字。"

"那不是希腊的海神吗？"莉娜说道。

"不完全是，尼普顿是他的罗马名字，希腊人叫他波塞冬。"

"那海王星是什么样的呢？"保罗想知道。

"照片显示它是一颗蓝色的气体球，上面肆虐着猛烈的飓风。在它的卫星中最有趣的一颗就是特里同（Triton，即海卫一）。它上面有一些活火山，但是它们喷出的不是地球上的那种火山熔岩，也不是伊娥（木卫一）上的那种液态硫磺。特里同上的火山将液态氮喷到稀薄的大气层中。"

"天王星和海王星都得到了某个神的名字，究竟为什么最后一颗却以狗的名字来命名呢？"

"以狗的名字命名？保罗，你是连环漫画看得太多了。冥王星被发现和命名的故事，我一定得给你们讲讲。一个11岁的小女孩在其中起到了重要的作用。"

## 一颗没有名字的行星

"在美国亚利桑那州有一位家境富裕的天文学家，他建造了一座自己的天文台。他的名字叫帕西瓦尔·罗威尔（Percival Lowell），所以这座天文台至今还叫罗威尔天文台。他寻找着一颗比海王星还要更往外的行星。为此，罗威尔让人定期给天空的不同位置拍照。因为恒星不会相对于彼此发生明显的移动，这些照片应该看起来都是一样的，与它们的拍摄时间无关。然而行星在天空中相对于恒星运动，会因为它们的运动而在照片中暴露自己。多年间，天文学家们对比了在不同时间拍摄到的天空的照片——没有结果。要彻底搜索上面有几千个小星点的照片既乏味又使人疲倦。这时，亚利桑那州的天文学家们得知，克莱德·汤博(Clyde Tombaugh)，一个农场主的儿子，在用自制的望远镜观察天空。于是他们聘请他来寻找'X行星'。

人们这样称呼这颗根本不确定它到底是否存在的行星。一年之后，在1930年2月，这位24岁的青年真的找到了它。在他对比两张拍摄间隔为6天的照片时，他发现有一个点在这段之间内移动了3.5毫米。那肯定是一颗行星！"

"那他可出名了。"保罗说。我能看得出来，他有一点嫉妒。

"当然了，"我继续说，"这则新闻登上了各家报纸的头版。但现在的问题是，应该如何命名这颗行星。罗威尔天文台的天文学家们向他

发现了冥王星的年轻的天文学家克莱德·汤博(Clyde Tombaugh)和当时给这颗行星命名的威尼西亚·伯尼（Venetia Burney）

们的同仁和公众征求意见。应该和其他行星一样再用一个神的名字来命名吗？当时，一位图书馆管理员给英国牛津天文台的一位天文学家写信道：他11岁的孙女威尼西亚·伯尼（Venetia Burney）听说了这颗行星，然后叫道：'那么就叫它普鲁托（Pluto, 即冥王星）吧！'这个名字很快就受到了亚利桑那州的天文学家们的喜爱，因为前两个字母是帕西瓦尔·罗威尔（Percival Lowell）名字的首字母。要不是帕西瓦尔·罗威尔在亚利桑那州建造了这座天文台，这颗行星也不会被发现。遗憾的是他没能亲历这一发现，因为他在这一发现的14年前就已经去世了。"

"真棒啊，那这个小女孩也出名了？"保罗问道。

"如今只有少数天文学家对她有所了解。我在几年前曾经试图查出她是否还健在。你们猜怎么样，我把她找到了：她如今是一位美丽的老夫人，名叫威尼西亚·费尔（Venetia Phair）。她还给我寄了一张她自己的照片。还有谁会有给行星命名的女士的照片啊！"

## 在无限远处的那些冰块

"再往外的地方是什么呢？"莉娜追问道。

"那里有许许多多围着太阳转动的冰块。就在不久前，人们发现了一颗稍大一些的，并叫它夸欧尔（Quaoar）。它的名字来源于一个曾经生活在今天的洛杉矶地区的印第安部落的神。这块冰块的直径是地球直径的十分之一。在我们的将1000千米缩小为1毫米的太阳系模型中（参见第70页），夸欧尔会是一颗小米粒，在距离模型太阳6.5千米远的地方。在那里以及更远的地方有无数个更小的天体在运动。有一些也会在无意间往里走了一些，然后就有可能被那些比较靠外的行星俘获。就是这样，几颗木星的卫星并不是同时出现在它身边的，而是当它们偶然在木星旁边飞过时被吸引过去的。"

"究竟有没有一些我们对其一无所知的行星呢？"

"有很多围着太阳运转的天体。"我回答道，"问题是，我们想把什么称作为行星。因为其中最小的只有尘埃的大小。"两个人惊奇地望着我。

"首先在火星和木星的轨道之间就有几千颗所谓的'小行星'。最大的那些小行星的直径大约有1000千米，而我们知道的最小的那些直径只有几千米。它们不规则的形状看起来就像一些的巨大的土豆。这样大小的天体在行星的轨道之间四处游荡，时不时地也会有一颗击中地球。"

## 流星和陨石

"那不危险么？"

"在过去，我们已经多次被一些小块砸中。但是如果那个物体的直径达到1千米或者更大的话，那就真的有可能对地球上的生物造成威胁了。在6500万年前，曾经有一个来自太空中的物体击中了今天的墨西哥的海岸。它爆炸的威力比最厉害的原子弹还要强几百万倍——砸出的陨石坑直径达到了180千米！很多研究者认为，是这场灾难使恐龙灭亡了。空气中大量的灰尘使得阳光在十几年中都没能照达地面，因此植物死亡了，恐龙也饿死了。在我们这里也会有这种事情发生：1500万年前，一个来自太空中的物体击中了德国南部，留下了一个直径25千米的陨石坑。如今在它的中央坐落着讷德林根城（Nördlingen）。它被严重风化了的陨石坑边缘围绕，也就是讷德林根里斯盆地。如果你们以后去那里，一定要去里斯陨石坑博物馆，去看看人们对当时那场灾难的了解。"

"这可真可怕！"莉娜喊道，"随时可能有这么一块来自太空中的东西掉在我们这里，把我们整个城市都砸毁了。"

"经常有这样的物体冲向我们。"我接着说，"但是它们通常都太小了，还在上面的时候，就已经在空气中烧毁了。那么人们就会看见流星在天空中划过。"

在2500万年前，一块来自太空中的陨石砸出了一个巨大的陨石坑。它位于美国亚利桑那州的沙漠中

"那时候人们一定要许愿，对吗？"保罗问道。

"你总是可以许些愿望，能不能实现就是另一回事了。在看到流星的时候许愿是一个广为流传的习俗，但是大多数人不会把这当真。"

"那么我是不是就可以放心地睡觉了，因为所有的物体都在大气层的上部烧毁了？"

"不完全是这样，"我回答道，"有时候也会有一些成功地抵达了地球，那么它们就是陨石。它们被收集起来，在博物馆中展出，有一些因为能卖上好价钱也会被卖掉。我自己就曾在过生日的时候收到过一颗陨石作为礼物。"保罗和莉娜都好奇起来，想要看看它。

"这东西真的曾经在宇宙中的行星之间穿行过吗？"保罗十分敬畏地把这块陨石拿到手里，"这是金属的啊！"

"是的，石陨石和铁陨石都存在。"我回答道，"人类在制造武器和工具的时候第一次使用了铁，他们很可能是从铁陨石中获取它的。当人们打开生活在3000多年前的埃及法老图坦卡蒙（Tut-ench-Amun）的坟

墓的时候，人们在他身边发现了一柄短剑，它的刀刃就是由陨石铁锻造而成的。"

"所有这些碎块到底是从哪儿来的呢？"保罗想知道。

"它们全部产生于大约40亿年前。很多都坠落在当时新形成的行星和它们的卫星上面。水星和地球的月亮上面的陨石坑还清晰可见，因为那里没有水，所以它们没有被风化侵蚀。即便是现在，我们也不能确保不会有碎块忽然从天上冲下来。天文学家们在天空中搜索着那些将来可能危险地接近地球的天体。幸运的是，人们到目前为止还一个都没有发现。"

"要是真的忽然有一个东西飞向我们，我们怎么办？"莉娜看起来有些担忧。

"没有人确切地知道，人们如何才能避免这种危险。有些人认为，我们应该在它离我们还远的时候，就从一架宇宙飞船上用原子弹将它摧毁，或者至少要改变它的轨道。但是人们为此必须要有足够的时间来准备。如果是一颗彗星冲向我们，情况将非常危急。"

"彗星——这个词我早就听说过，不过它具体是什么呢？"保罗问道。

## 宇宙中的流浪者

"在距离太阳很远的地方，远在冥王星和夸欧尔的轨道之外，存在

一颗彗星拖着一条笔直的气体彗尾和一条弯曲的尘埃彗尾

哈雷彗星的彗核是一块冰块，因为收到了太阳的热量，它的外层稍微有点融化了，释放出原本封在冰块中尘埃和气体

着无数个主要由冰构成的物体。它们刚好也是被太阳的引力牵引着。在我们的行星模型中，它们就是罂粟籽，在7000多千米外的地方围着模型太阳转动。"

"咳，那么它们对我们来说可是相当安全的了。"保罗说道。

"不完全是，在那靠外边的地方，其他太阳的引力作用已经可以觉察到了。时不时地，这些冰块中就有一块会被移动，因而错走到行星系的内部。当它离太阳更近的时候，就会被加热，冰就开始汽化，封在其中的尘粒和气体就被释放了出来。这样它就变成了一颗彗星。彗星是由一个被气雾和尘雾环绕的核以及一条尾巴组成的。一旦它进入到从太阳中流出的气体——也就是所谓的太阳风——的'鼓风机'中，它就变得可见了。彗尾总是指向背离太阳的方向。不过有时候，彗星会被大行星——主要是木星——的引力引入到一条长形伸展的轨道上，一再地在这条轨道上穿行。这时它会有规律地靠近太阳。"我给两个孩子展示了书中的一张彗星图片，也就是你们在第99页看到的那张图。

"它看起来好像圣诞之星！"莉娜叫道，"它也有一条这样的尾巴。"

"这和一颗每隔76年就在天空中出现一次的著名的彗星有关。它的尾巴从地球上很好辨认。它叫哈雷彗星（Halleyscher Komet），是以生活在大约300年前的英国天文学家埃德蒙·哈雷（Edmund Halley）的名字命名的。早在古老的编年史中就有关于这颗彗星的记载，但是它现在还是会出现，上次是在1986年。当时，一台太空探测器成功地拍到了它的近照。它的彗核是一块大约15千米长的冰块，形状像一颗巨大的花生。它下一次将会在2061年再次出现。哈雷彗星也曾经在1301年的11月出现过，也就是在700多年前。一位名叫乔托·迪·邦多纳（Giotto di Bondone）的意大利艺术家成为了这一令人印象深刻的奇观的见证者。第二年，他接到了一项委托，要为帕多瓦（Padua）城里的一座小教堂完成一幅东方三博士（在耶稣基督出生时，来自东方朝拜耶稣的博士——译者注）的画像。乔托将那颗把博士们引向伯利恒（Bethlehem）的马厩里的耶稣圣婴的星星画成了他不久之前看到的那颗彗星的样子。从那以后，圣诞之星就是一颗彗星。"

"彗星主要是由冰和灰尘组成，如此说来，它们就是一些脏雪

一幅著名的朝拜耶稣圣婴的东方三博士的画像。艺术家乔托将伯利恒的那颗星星描绘成了一颗彗星。（画像上边缘）

球。"我接着说，"当它们长出尾巴的时候，它们就会碎裂成沙粒和尘埃，遗留在轨迹里。当地球在围着太阳转动的过程中与彗星轨迹的相交时候，会有特别多的这种粒子在地球大气层中烧毁。每年的8月12日，我们会穿过一条彗星轨迹，那颗彗星最初出现于1862年。那些东西在地球大气层中烧毁，形成了流星雨。在地球上的观察者看来，它们似乎都来自英仙座（Perseus）这个星座，因此我们把这场流星雨称作英仙座流星雨(Perseiden)。你们记得，我们在假期里寻找北极星时看到了一颗流星吗？（参见第27页）我查看了日历，那是在8月12~13日的那个晚上。它来自英仙座，并且飞过了仙后座。它属于英仙座流星雨。"

这天晚上是新月。我们还望了一会儿星光明亮的天空，等待着流星雨。保罗认为他在东方看到了一颗流星，不过当他叫我们的时候，它已经消失了。

## 难道又是一个UFO吗

当我再次拿着一本书坐在客厅里时，孩子们仍旧在盼望着流星雨。忽然，他们扑腾着下了楼梯。

"爷爷，现在我也看到它了！"保罗喊道。

"那个UFO又从大熊星座里出来了。"莉娜上气不接下气地解释道，"不过它现在已经走了。"不管那是什么东西，保罗也看到它了。我带着两个人来到花园里，但是不出所料地什么也没有看到。要是我能亲眼看看那个东西就好了！

接近午夜的时候，天空中升起了一层云幕。第二天早上下雨了，天气预报预计接下来的几天也没什么好天气。于是第二天，我们坐在我的工作室里。

"恒星到太阳的距离比海王星和冥王星还要远得多。最近的一颗恒星在南边的天空中。它很遥远，在我们缩小的标尺中，距离模型太阳还有40000千米。我们根本无法把它纳入我们的模型中，因为地球不够大。跟太阳一样，它的直径大约一米半。它的光芒要在4年半之后才能到达我们这里。假如这颗星星今天忽然停止发光，那么对我们来说，它还会在我们的天空中存在4年半之久。"

"你的意思是说，我们昨天晚上看到的众多星星之中有几颗根本已经不存在了吗？"保罗问道，"或许它们早就消失了，只是它们之前的光芒还在来我们这儿的路上？"

"这倒是有可能，"我回答道，"不过这些星星能存活几百万年甚至几十亿年之久。如果你今天看到一颗星星，那它很可能还存在着。但是一颗星星爆炸并消失是完全有可能发生的。"

"那么这颗最近的恒星，它到底是什么样的呢？它也有上面存在生物的行星吗？"莉娜追问道。

"它的大小和我们的太阳差不多。它有没有行星，我们不知道，因为在这么远的距离下，我们目前为止就算使用最高倍的望远镜也不能看清这些物体。它们本身不发光，而只会被它们的太阳照亮。但是什么能让我们止步于这样一颗星呢？在不用双筒和单筒望远镜的情况下，我们就已经能够看到大约3000颗恒星。而当我们借助望远镜的时候，我们会看到，那条看起来好像天上的一条长形延伸的雾带的银河带也是由数十亿个单个的小点儿组成的。"

"为什么这么多的星星刚好都在这条带子上呢？"保罗想要知道。

他没想到，他的这个问题触及了一个天文学上的全新篇章。

## 在恒星系的王国中

"你们知道10亿是多少吗？"

"是一个1后面有九个0。"莉娜说道。

"是的，那就是10亿。"保罗附和着。

"那比德国人口数的12倍还多。如此庞大的数字很难想象。但是让我们再进一步：那么1000亿就是一个1后面有11个0。"

"你用这个庞大的数字想说明什么呢？"保罗问道。

"在银河中有大约1000亿颗星星！我们的太阳和无数其他的恒星一起处在一个平坦的空间里。它的形状就像一块圆形的铁饼。"

"它们所有都被容纳在里面吗？

"是的，因为这个空间之大是无法想象的。我曾经读到过一个很好的比喻：在铁饼中的这1000亿颗星星就像堆在一座教堂里面的米粒，它们一颗挨着一颗，一直堆到屋顶。但是这些星星的堆放远远没有这么密集，在它们之间有非常空旷的区域。如果我们把银河中的星星想象成米粒的大小，那么它们彼此之间排列得非常松散，就像有人将满满一把米粒散播在整个中欧地区那样松散。这个松散地填满了星星的平坦的系统被天文学家们称为银河系，也叫Galaxis，从希腊语里意为'牛奶'的gala（galaktos）这个词中得来。"（在德语和英语中，银河系这个词本身的意思就是"牛奶路"——译者注）

"你一会儿说到银河，一会而又说银河系。"保罗感到很奇怪，"这两个词是一回事吗？"

"铁饼中的数十亿颗星星共同组成了银河系。而这条你们从地球上在黑暗的夜里所看到的闪着微弱的光的带子是银河。二者有着怎样的关联，我还会再给你们解释的。"

## 在银河的家园里

"但是如果这些数目众多的星星相互之间都隔着几光年的距离，为什么它们都停留在这个铁饼里呢？"保罗问道。

"还是因为那个把月亮和地球相连、阻止行星们飞离太阳的力量：物质的引力。如果一颗星星胆敢逃跑的话，所有其他星星共同的引力就会把它又拉回来。

另外，星星们的运动绝不是没有规律的。就像行星围着太阳转动一样，所有的星星——也包括我们和我们的太阳——都围着圆盘的中心转动。"

"这么说，我们的太阳在围着银河系的中心转动？它这样转一圈需要多长时间呢？"保罗想知道得更确切一些。

"无限长的时间，大概要2亿4千万年。"

"哎呀，我完全无法想象！"莉娜惊呼道。

"太阳在围绕圆盘的中心转动的过程中，上一次处在我们今天所在的位置时，地球上还没有高等生物。那是在第一批恐龙出现的大约5000万年之前。"

"但是为什么银河是一条带子呢？"保罗琢磨着。

"我们和我们的太阳没有处在圆盘

**找找看**

*寻找银河*

天空必须是漆黑的。城市的灯光、屋门前的挂灯，还有月光，即使只是一弯月牙都会妨碍到观察。银河是一条发光微弱的带子，穿过仙后座的"W"。在1月和2月入夜之后，它看起来尤为明显。那时，银河从东南方开始，一直延伸到西北方的地平线上。

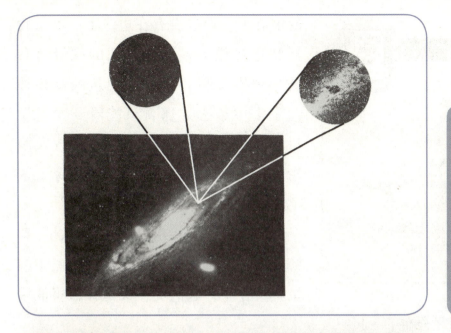

站在一个平坦的星系内部的人，当他不是向圆盘以外的地方，而是向圆盘边缘望去的时候，他会看到特别多的星星。这样对于这个观察者来说，就会出现银河的带子

假如我们能从宇宙中观察银河系，我们会看到一个平坦的圆盘形的星系。从侧面看，它应该是这样的

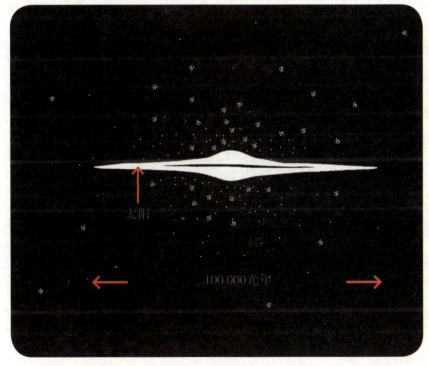

太阳

100 000光年

的中心上，但也没有在边缘上。如果我们朝边缘望去，那么我们的视线就会遇到很多星星。如果我们从圆盘往外向宇宙中望去，那就只能看到少量星星。我们所看到的银河，是无数颗圆盘中的遥远的星星，我们也置身于这个圆盘之中。"

"你给我们指出过几个星座，"莉娜说道，"到底是什么把大熊星座中的星星聚在了一起的呢？又是什么将仙后座的星星们联合在了一起？"

"什么也没有。"我回答道，"比如大熊星座里的星星，只是对于我们来说，看起来好像属于一个整体。车辕部分最外面的那颗星星到我们的距离几乎是车辕上的第二颗星星麦沙到我们的距离的两倍。因为这些星星在缓慢地移动，在10万年之后，北斗七星看起来将完全不同。仙后座的星星到那时也将不再呈'W'型。不过也存在着由数十万颗星星组成的相互关联的群体。在所谓的球状星团（Kugelsternhaufen）中，所有的星星都通过引力集合在一起。"

"那么银河究竟为什么看起来如此模糊不清呢？"保罗问道。

"那是因为，星星之间的空间并不完全是空的。那里面充满了气体和尘埃。"

"这样的话，宇航员在那外面能不能不穿宇航服呼吸呢？"保罗猜想着。

"不行，那些气体主要是氢气，我们呼吸所需要的是氧气。不过即使那是氧气，那里的气体也太过稀薄了。在我们这里容积为1升的空瓶子中的空气量，在那里可以填满一个直径为1000千米的球！星星之间的空间几乎是真空的。"

"那尘埃呢？"莉娜想要知道，"是像吸尘器尘袋里的那种尘埃吗？"

"宇宙中的尘粒要小得多，"我回答道，"他们的直径为十万分之一毫米。而且这些尘粒也非常稀疏地分布在太空里。在边长100米的正方体中只能找到一颗尘粒。最好的吸尘器也拿它没办法。"

一个由几十万颗星星组成的球状星团

"这样的话，星星之间的气体和尘埃根本就不重要。那么你为什么给我们讲这些呢？"保罗问道。

"它们甚至非常重要。银河中的一片尘埃云的质量可以轻易地达到一颗恒星质量的几百万倍。尽管这些尘埃那么小且分布稀疏，你们还是可以看到它们。你之前问到，为什么银河看起来那么模糊不清，现在你就知道了：银河显得不匀称而且模糊，是因为尘埃云阻挡了位于它后面的恒星的光芒。于是人们只看到天上有一块黑斑。一块尤为明显的黑斑就在银河中南部的天上，即所谓的煤袋星云（Kohlensack）。气体和尘埃都起到了很重要的作用，因为它们构成了能产生新恒星的物质。"

在银河中南部
天上的"煤袋
星云"

"什么？产
生恒星？"莉娜
叫道。

## 关于恒星的生与死

"这些巨大的气体云和尘埃云有时候也会变浓密，那时它们的重力就会从周围吸引更多的物质。这样气体团和尘埃团就会塌缩（即物质在自引力作用下加速向中心坠落——译者注），形成一颗恒星。在这个过程中，它们的内部变热，一直达到1000万度。在这么热的情况下，这里的每块石头不仅会融化，而且会很快变成气体。在这样的高温下，这些新产生的恒星变成了核电站。"

"你说什么，怎么又是核电站？"莉娜看起来很不满。

"是的，所有的恒星都要靠原子在其内部转变成其他的原子，才能生存。不只是太阳的热量，数十亿恒星的光芒也都是核能。"

"你到底是从哪儿知道这些的呢？"莉娜问道，"难道有人曾观察过恒星的形成过程吗？从一天到另一天，它忽然就在那了？"

"不是的，它没有这么快，但是我们知道天空中的很多地方有恒星在慢慢地形成。它们照亮了那些气体团，而它们正是由这些气体团形成的。这样的地方，你们自己就可以在冬天的夜空中看到，也就是在猎户座星云里。"

第二天早晨，莉娜接受了"恒星都是

在猎户座星云里，有一颗新星正在形成

核反应堆"的这个事实。这样我就可以从我们前一天停下来的地方继续讲了。

"依靠它们的核能，恒星可以存在很长时间。太阳的能量还够再用40亿年。对于那些集中了大概20倍这么多质量的恒星来说，这些核燃料只够用100万年，因为它们对这些能量使用得太过草率了。"

"在那之后会发生什么呢？"保罗问道。

**找找看**

**猎户座星云**

12月的时候，你可以于午夜时分在南方看到猎户座。在1月份和2月份，它傍晚时就已经在天空中了。

在中间有三颗星排成一线，那是猎人腰带上的星星。在那下面你会看到一小片朦胧的云，即猎户座星云。大约在一百万年前，那里曾诞生了一些恒星。而如今那里也还在形成着恒星。这不是你在一朝一夕之间就能发觉的，因为星星的诞生需要几十万年的时间。星云会发光，是因为这些年轻的恒星照亮了气体团，也是因为它们照亮了星云中的尘埃。

在猎户座的左下方是天狼星，夜空中最明亮的那颗星。你还可以在猎户座中观察到一些别的东西。恒星表面的温度各不相同。你可以依据颜色来辨别它们的温度。一颗恒星越红，它表面的温度就越低。在第113页的图中，四颗较为明亮的星星被用数字标注了出来。仔细看看天上的这些星星。哪一颗的温度可能是最低的？

"当它们的能源储备耗尽时，这些恒星首先会膨胀。太阳也将在某个时候变大到把水星和金星吞掉，它的表面将危险地接近地球。日轮最终将占据我们的半个天空。到时候，所有海洋里的水都会蒸发，温度太高，以至于生命都不复存在。"

"那可真可怕啊！"莉娜喊道，"什么时候会达到这种程度？"

"这你可以放心，还要再过好几十亿年，比太阳和地球已经存在的时间还长。"

"你从哪儿知道得这么具体呢？"保罗询问道。

"天文学家们已经找到了一些与太阳类似的恒星，但是它们衰老得更快一点。它们都已经变成了这种巨星，并且早已经毁灭了它们的行星上面的生命 —— 如果那里有什么生命的话。"

人类灭绝的预想，对保罗来说，似乎并不要紧。他想知道事情后来会怎样发展。

"如果恒星膨胀并变成了巨星，那么它会把气体从它的表面吹进宇宙中。然后它又会变小，发出的光越来越少。天文学家们将这种濒死的恒星称为白矮星。它们慢慢地冷却，但是直到它熄灭为止，还要经过几十亿年。另一些恒星会爆炸，同时将它的物质中的大部分甩到宇宙里。这些物质跟其他的星际气体云和尘埃云混合在一起。然后又会有新星从中诞生。这是一个循环的过程。我们的太阳及其行星中的物质以前也曾在一颗星星的内部沸腾着。这一点你们一定得明白：构成你们的这些物质以前曾经在一颗星星里。"

猎户座和参宿四（1，Beteigeuze）、参宿五（2，Bellatrix ）、参宿六（3，Saiph）、参宿七（4，Rigel ），腰带上的三颗星，以及在下面的猎户座星云

"保罗和我曾经在一颗星星里？"莉娜问道。

"当然，我也一样。更确切地说：构成我们的这些物质曾经存在于一颗星星里。"

"你能证明这一点吗？"

"只有氢气和氦气是在恒星出现之前很久就存在的。所有其他的物质：空气中的氧气、我们骨骼中的钙、我们体内所含有的碳，它们都是在星星里产生的，然后被吹到了太空中。"

"真可惜，这些我们都想不起来了。"莉娜冥思苦想道。

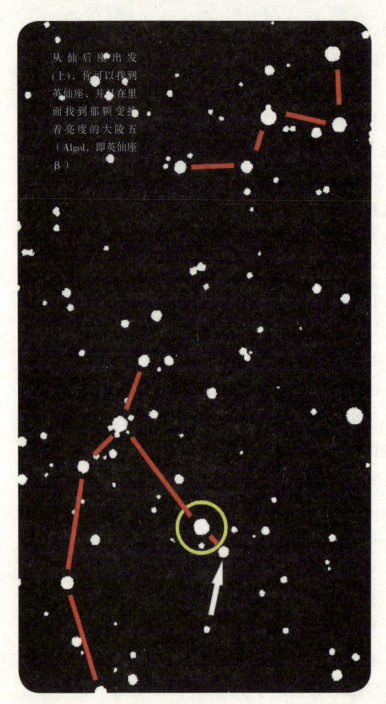

从仙后座出发（上），你可以找到英仙座，并且在里面找到那颗变换着亮度的大陵五（Algol，即英仙座β）

## 喂，那里还有人吗

莉娜摆出一副若有所思的样子："哎呀，爷爷，在这好几十亿的星星中，肯定存在着什么有生命的东西。为什么我们看到的那个发光体不会是来自另一个太阳系的来访者的宇宙飞船呢？"

"虽然我们能看到很多太阳，但却看不到那些围着它们转动的行星。尽管如此，我们知道它们是存在的。"

"即使我们看不见它们吗？"莉娜问道。

"是的，在转动的过程中，它们的引力对太阳有一些影响。虽然只是很小的影响，但是通过精密的测量工具，这种影响还是会被发现。我们甚至知道这些行星到它们的太阳的距离，以及它们的质量。迄今为止，人们只找到了与我们的木星相似的行星，不过人们也将会发现那些与地球相似行星。"

"你瞧怎么样，"莉娜得意起来，"那么就会在某个地方存在着这样的行星，上面的居民已经发明了宇航学。他们是有可能来我们这儿的。"

"当然了，"我回答道，"不过到目前为止，我们对他们还没有任何觉察。尽管目击者们一再地报告了一些神秘的发光现象。但是大多都在后来被证实，是流星或者是例如在卫星发射后于大气层中烧毁的破损的火箭零件。曾经有一位喷气式飞机驾驶员认为，一个明亮的飞行体飞向了他。后来人们给他解释了，他当时是在迎着金星飞行。"

"这么说来，你不相信有外星人了？"莉娜问道。

"我不知道他们是否存在。我只知道，并不是天空中的每一道人们没法解释的光都一定来自外来飞船的探照灯。"莉娜显得有些失望，但是我继续说道："难道那些在外面的小绿人儿不应该早在他们制造出宇宙飞船之前，就先发明出无线电技术吗？那样的话，我们不是还没有接收到他们的无线电信号吗？在美国，人们从几年前就开始系统地搜索外星人的无线电信号了，迄今为止，他们还一无所获。"

**找找看**

**一颗偶尔会变暗的星星**

借助第114页的图片，追踪着仙后座的路径找到英仙座。秋天，它在东北方傍晚的天空中。那颗用黄色圆圈标注出来的星星叫做大陵五。它被一颗我们看不到的星星环绕着。每隔69个小时，这颗伴星就会转到大陵五的前面，这样，大陵五就会有5个小时显得褪色了。它甚至会变得比那颗与之相邻的星星更暗，也就是那颗用白色箭头指出的星星。不过要想观察到这个，你需要些耐心：如果你在100个不同的夜晚观察大陵五，你只会在大约7个晚上看到它变暗。

"那么你的意思是，我们孤零零地存在于宇宙中？"莉娜问道。

"我没这么说。我们知道，几十亿年前地球上的生命形成所用的那些物质在宇宙中随处可见。我觉得，在那外面存在有生命的行星，或许还有智能生物，这种情况是绝对有可能的。我只是不相信，它们和那些UFO，也就是我们天空中的不明飞行物有关系。而且我真的完全不相信，他们会时不时地来拜访我们。"

莉娜换了个话题："说说看，爷爷，在我们银河系的外面，在几十亿颗星星的那边到底是什么？"

"这个我最好今天晚上给你们解释，在我们寻找仙女座的时候。"

## 神秘莫测的宇宙

"假如我们能够看到过去，那不是很令人兴奋的吗？"我问孩子们。

"当然了，"莉娜说道，"我可能会看到我还躺在摇篮中的样子。"

"那我就能看看在上小学的爸爸了，"保罗补充说，"我要看看，他的数学学得是不是真的像他一直所说得那么好。"

"如果你们往更久以前回顾的话，你们或许会看到，罗马人是如何从意大利来到法国和德国的。"

"……还能看到阿斯泰利克斯（Asterix）和奥贝利克斯（Obelix）是如何捉弄那些罗马士兵的。"保罗大笑道。

（阿斯泰利克斯和奥贝利克斯是法国家喻户晓的连环画人物。连环画幽默地讲述了罗马帝国灭亡高卢之前两人抵抗罗马士兵的故事。高卢人是法兰西民族的祖先。——译者注）

"等天就要变黑的时候，我们将会看到200万年前的过去。"两个人诧异地看着我。

## 回顾另一个时代

今天是新月，可能会有一个星光明亮的夜晚。那样的话，孩子们就可以用裸眼看到仙女座星云了。

"这应该就是那个特别的东西吧，"保罗嫌弃道，"这片可怜的小星云？"

**仙女座星云**

在夏天和秋天的月份中，你可以很好地看到它。

天空必须很黑才行。因此你应该站在一个没有城市灯光照亮天空的地方。连月光也会干扰观察。从北极星出发，找到仙后座，然后在同一方向上距离两掌宽多一点的地方，你就会看到仙女座。那里有一小片朦胧的星云。在圆卡片中（右），它被用一个圆圈标出来了。那就是仙女座星云，一个由好几十亿颗星星组成的星系，就跟我们的银河系一样。

"从那里发出的光，到达我们这里大约经过了200万年。"我解释道，"那时候，人类刚刚开始把尖锐的碎石片当成刀子来使用。"

"我们现在所看到的光在那么长时间以前就被发射出来了吗？"莉娜惊讶地说。

"是的，在埃及人建造他们的金字塔的时候，它已经走完了大部分的路程。当耶稣基督和他的信徒们穿过圣地（耶路撒冷）时，它还在路上；而当你们出生的时候，它还有一段十多年的路程要走。"

孩子们通过望远镜去观察，然后一脸失望。

"那应该是一个星系吧？"保罗挑剔地说，"我只看到了一片模糊而稍长的斑痕，中间稍微亮一点，完全看不到星星的踪影。"

"它实在是太远了，甚至用我的望远镜也只能看到星云。"

当我们再次回到客厅里的时候，我拿来一本书，给孩子们展示了一张仙女座星云近期的照片。

"那么在那片星云里是有星星的——而且在它周围也有！"保罗叫道。

"注意，"我说，"这些星星不属于其中。我们在观察仙女座星云的时候，不得不顺便看到与我们邻近的星星。我们在前景中看到的这些星星属于我们的银河系，在只有几千光年远的地方。但是到那片星云却有几百万光年的距离。直到1924年，美国天文学家爱德温·哈勃(Edwin

Hubble)才成功地辨认出仙女座星云里个别的几颗星星。他的望远镜的直径为2.5米。哈勃发现，仙女座星云里的那些星星与我们银河里的星星没有区别。只不过它们更加遥远。"

忽然，莉娜嚷道："它又在那了。"同时用手臂指向北方。

当我朝这个方向望去的时候，我也看到了它。在那里有什么东西在夜空中向着南方移动。对于一颗卫星来说，它移动得太快了。它也不是飞机。还没等我用望远镜找到它，它就消失在云里了。

我渐渐开始相信莉娜，并努力地思索着。

当我们再回到屋里时，我们才回到仙女座星云的话题上。莉娜指出："这样看来，除了我们的星系之外，还有另外一个星系。"

"不只有另外一个，有无数个。人们把它们叫做河外星系（Galaxien）。许多河外星系的星星也像银河系中的星星一样，分布在一个平坦的圆盘中，这个星系经常呈螺旋状，因此它们也叫做漩涡星系（Spiralnebel）。然而它们并不是星

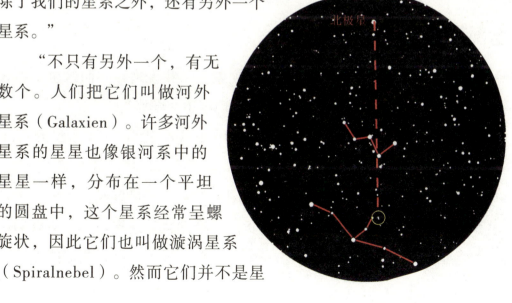

望远镜中的仙女座星云。在前景部分有个别几颗属于我们银河系的星星

从北极星，经过仙后座，到达仙女座以及仙女座星云（圆圈里）的路线

北极星

神秘莫测的宇宙 • 111

云，而是几百万、几十亿颗星星的集合。"

"到底有多少个这样的星系呢？"莉娜想要知道，"几百个，几千个，还是大概几百万个？"

"这我们不知道。望远镜发展得越好，天文学家们就会发现越多遥远的星系。"

我给他们看了第八页中那张复制的图。

## 全部飞离彼此

"河外星系表现出一些很古怪的现象，"我说道，"而这也是由天文学家哈勃发现的：他发现宇宙在膨胀！"

"他究竟是从哪里得知这些的呢？"保罗皱起了眉头。

在左边那个遥远的星系中，那些发光的物质呈螺旋形分布；而在右边，我们可以从侧面看到另一个星系，并看出它有多么平坦

"有一种方法可以用来确定一颗星星或者一个星系是否在靠近或者在远离我们。哈勃就是这样发现了所有的星系都在互相远离。一个星系越遥远，它飞离我们的速度就

越快。"

"奇怪，究竟为什么偏偏是远离我们呢？"莉娜想要知道，"难道我们是宇宙的中心吗？"

"不是，这个运动是这样的，每一个星系都在飞离彼此。没有哪个是在中间的。"

"如果宇宙在飞离彼此，它肯定曾经是聚在一起的。"莉娜说道。

"事实上，星系们这样运动，仿佛它们曾在几十亿年前很紧密地聚在一起。"我解释道。

"那到底应该是在什么时候呢？"保罗问道。

"很可能在大约140亿年前，那是一个14后面跟着9个0。"

"我完全不能想象出一个这么长的时间段。"莉娜说道，"当时究竟会是怎样的呢？"

"天文学家们只能确定一点：他们所有的观察都显示，宇宙是以一次大爆炸开始的。他们把这称作宇宙大爆炸（Urknall）。当时发生了什么，他们也知道得不确切。人们设想，宇宙的物质在高温下被紧密地压缩在一起。但是没有人知道，当时填满宇宙的是怎样一种物质。"

我知道，孩子们不会对这个解释感到满意。所以，莉娜的下一个问题并不令我吃惊。

# 为什么"之前"没有意义

问与答

**宇宙与葡萄干蛋糕有什么共同之处？**

想象一下，你在用里面有葡萄干和酵母的面团烤制一块蛋糕。在和面的时候，面团必须保持温热，以便它可以发酵起来。当面团占据的空间越来越多时，葡萄干之间的距离也在变大。每一颗葡萄干都在远离其他所有的葡萄干。即便是对于在边缘处的葡萄干来说，所有其他的葡萄干也在远离它。并不能由此得出结论说这颗葡萄干位于中心位置。而我们也不会只因为所有星系都在远离我们，就位于世界的中心。

"在这次神秘的爆炸之前究竟有什么呢？"

"'之前'和'之后'这些词与时间有关。因此人们必须要想一想，我们所说的'时间'是什么意思。"我回答道，"时间是用钟表来衡量的。没有表我就不知道'之前'和'之后'意味着什么。尽管你们没有表也能判断，英语课是在大课间休息之前还是之后，但是即便在这件事上你们也有一个'内部的时钟'。最初的时候，一切都是密集而炽热的。巨大的能量群被集中在最狭小的空间里。没有能够充当钟表的东西。当涉及到时间的时候，钟表才是必要的。正如我们所知的那样，钟表这时完全不必要。即便是那些单个的原子也可以用来衡量时间。不过所有这些都还不存在。因此时间这个概念对于世界之初来说毫无意义，对于那个'之前'来说更加没有意义。"

"但是在那之前肯定是存在着什么东西的！"莉娜嚷道，"当一些事情发生的时候，那么在那之前也总有一些事情已经发生了。当我去上学的时候，那么我之前已经吃过了早餐，在那之前我洗漱过，再之前我起床了，在那之前我在睡觉……"

"当然我们从日常生活中得知，在每一件事之前都有一件更早的事。但是宇宙大爆炸不属于日常生活。"我试图让他们两个信服，"一位英国的物理学家曾经指出了一个类似的没有意义的问题：我们知道，对于地球上的每个地方来说，都有一个地方在它的北面。慕尼黑在罗马的北面，汉堡在慕尼黑的北面，奥斯陆在汉堡的北面。但是北极的北面是哪儿呢？这样你们就看出，这个问题是无意义的。尽管我们习惯了认为，在日常生活中对于每一个地方来说都有一个更北的地方。但是北极偏偏不属于日常生活。"

## 在宇宙的尽头有一面墙吗

和大多数成年人一样，孩子们也觉得我们宇宙中的这些事情是难以想象的。

"爷爷，整个宇宙到底有多大呢？当我朝一个方向望去的时候，我的视线会不会在某个地方遇上一面墙呢？在那后面又有什么呢？"

就天文学家们用望远镜所能看到的来说，宇宙中到处都和我们这里一样。然而实际上存在着一面我们无法看穿的墙。"

"在那后面一定有些什么东西。"保罗认为。

"你忘了，我们眺望远方的目光同时也在回顾过去。当我们向数十亿光年以外的地方眺望时，我们看到那里的世界是它当时的样子。当我们试图向距离我们140亿光年的地方望去时，那么我们会看到宇宙大爆炸的时代。这就是那面我们无法看穿的墙。保罗，你所问的'那面墙后面有什么？'无异于'在宇宙大爆炸之前有什么？'这个问题。"

"你们看起来不太高兴，"我说，"但是不只在天文学中是这样，在所有现存的科学中都是这样：人们在某一时刻达到了一个暂时的极限，不能再知道更多的答案了。而我们三个现在就通过你们机智的问题到达了这个极限！然而正是这些还不清楚的事情让我觉得兴奋。对于那些能够在老一辈们束手无策的地方进行研究的年轻天文学家们来说，还有很多工作可做。你们还将亲眼看到，人们找到那些今天尚无人知晓的答案。"

神秘莫测的宇宙　**115**

## 那个UFO幻灭了

天色渐晚，我们来到了花园里。繁星挂在我们的头顶上，木星在南方，红色的火星在它旁边不远处。忽然，莉娜喊道：

"它又在那了！"我也再次看到了这个从大熊星座里出来向南飞去的亮点。当我用望远镜对准这个光点的时候，我认出了它：那是一只气球。我想起来了，在我们家北面几千米远的地方是一座气象站。我怎么会把它给忘了呢！莉娜的那些"UFO"是一些气象气球！我让他们两个通过望远镜观察。

保罗咧嘴冷笑道："我就说过那不是UFO来着。"

"真可惜那不是外星人，"莉娜说道，"我本来还想认识他们呢。"

## 你想知道更多吗

大多数的日报会定期给出当月的星空信息，它们经常包括一张小的星空图，标示出这个月大行星的位置，报道天文学最新资讯的杂志当然也会出版这种星空图：《今日天文学》（*Astronomie heute,* 光谱出版社，海德堡）；《天文观察》（*Star Observer,*天文观察出版社, 格拉费尔芬）；针对掌握了更多天文知识的读者：《天体和宇宙》（*Sterne und Weltraum,* 光谱出版社，海德堡）。

你最好借助星空图来观察天空（参见手工小制作）。这种东西在每个书店不同版本的结构图中都可以看到和购买，其中《入门者用星空图》最适合初学者使用。当你想要在黑暗中使用星空图时，用一张红色透明的纸罩住你的便携手电筒。这样你就不会感到那么目眩，并且也可以很好地依照卡片上的星星来辨认出天上的星星。如果星空图上的星星能在黑暗中发光，那就更好了。

约阿希姆·赫尔曼（Joachim Herrmann）的《这是什么星？》（*Welcher Stern ist das？*）一书可以帮你了解天空、辨认各个星座。埃尔韦·比里耶（Hervé Burillier）的《星体知识入门手册》(*Sternführer für Einsteiger*)也相当实用，你可以从中学到很多关于星座的知识。而同前两本书一样由宇宙出版社 (Kosmos-Verlag) 出版的赛尔尼克（E. Celnik） 和赫尔曼-米歇尔·哈恩（Hermann-Michael Hahn）合著的《入门天文学》则介绍了天文学爱好者的必备知识。

如果你很可能会去一座有天文馆的城市游览，那么你一定要选择以下推荐的这些城市——绝对不虚此行！在维也纳，除了那些一般的景点之外，还有一个露天的天文馆。因戈尔施塔特（Ingolstadt）的天文公园也值得一游。如果你要去瑞士，那么就说服你的父母带你去参观沃韦

（Vevey）旁边雷珀莱亚德山（Les Pléiades）上的天文公园，我已经在第78页向你们介绍过这里了。谁已经通过这本书爱上了大熊星座，那么他就会在那里获得特别的惊喜。

　　每年都会出版天文日历，它们会告诉你当前行星的位置、什么时候在哪里可以观察到日/月食，以及其他很多在这本书中没能收录的令人兴奋的事情。直接去你们那里的书店或者城市图书馆中寻找：

　　《宇宙天文年鉴》（*Kosmos Himmelsjahr*，宇宙出版社，斯图加特)

　　《天上发生了什么？》（*Was tut sich am Himmel?*,宇宙出版社，斯图加特）

　　《天文预告年鉴》（*Ahnerts Astronomisches Jahrbuch*，光谱出版社，海德堡）

# 谜题答案

## 第54页

1 2 3 4 5 6 7 8
a e c h b g d f

1 2 3 4 5 6 7 8
B G D F A E C H

## 第57页

地球圆盘一直停留在月球天空中的同一位置上，因此不会落下。

## 第75页

金星从不会在午夜的时候出现在南方，因为它不可能离太阳这么远。

## 第104页

是1号，那颗略呈红色的参宿四（Beteigeuze）。它的大约3000℃的表面温度，尽管对于我们来说似乎非常热，但是与5500℃的太阳相比，这颗星倒不如说是"冰冷的"。另外三颗明亮的星星的温度都在20 000℃左右——它们真的很炽热。

# 北极表复制图样

## 制作说明：

　　首先在一家可靠的复印店复印这两页图。为了使你之后做出的北极表更易保存，先把复印件粘在一张结实的硬纸板上。然后把这两个圆盘剪下来，用剪刀分别在他们的中间（有小十字的地方）剪一个孔，或者

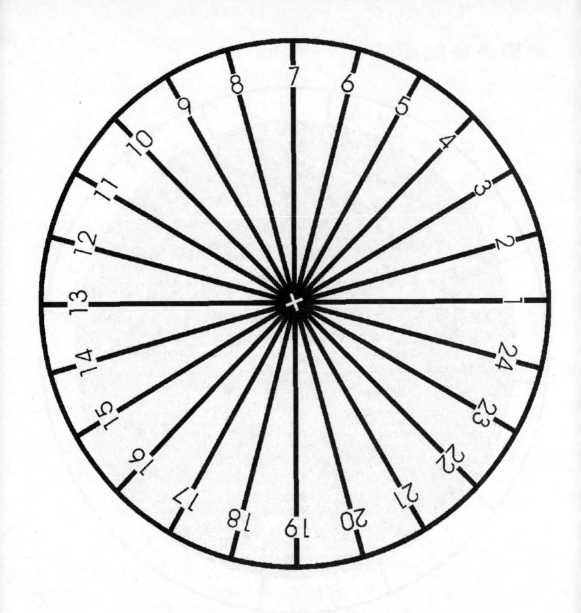

用其他尖锐的物品小心地扎一个小洞。将小圆盘放在大圆盘上面，使两个孔刚好互相重合，然后将一枚订书钉穿过去。画有星空的小圆盘必须能够相对那个较大的圆盘转动。现在你就可以使用你的北极表，按照第29页所描述的那样工作了。前提是天上星光明亮。祝你玩得愉快！

# 插图

方框文章中的小插图、手工小制作和第19页的插图是由安切·冯·施特姆（Antje von Stemm）绘制的。

**扉页、第103页**

©D.马林（D.Malin），盎格鲁澳大利亚望远镜（Anglo-Australian Telescope），新南威尔士，澳大利亚。

已获得出版许可。

**文前第4页，第8、73、77、78、80、81页**

©美国国家航空航天局（NASA）

已获得出版许可。

**第2页**

©P.施多尔森（P.Stolzen），雷姆沙伊德。

已获得出版许可。

**第4、6、15、16、17、18、19、25（2×）、26、27、32、33、36、38–39、44、54、56、57、58、61、63、69、86（2×）、89、91、94、99（2×）、105、106、111（下图）、116页**

©鲁道夫·基彭哈恩（Rudolf Kippenhahn）

**第45页**

©R.格拉拉克（R.Gralak），美国。

已获得出版许可。

**第50页**

©G.施梅德斯（G.Schmedes）

已获得出版许可。

### 第51页

©《柏林月图》（*Berliner Mondatlas*），由威廉·福斯特天文馆注册协会（Wilhelm-Foerster-Sternwarte e.V.）出版,柏林。

已获得出版许可。

### 第92页

© 马克斯–普朗克航空研究所（Max-Planck-Institut für Aeronomie），卡特伦堡–林道。

已获得出版许可。

### 第102页

©欧洲南方天文台（ESO），加兴（Garching）。

已获得出版许可。

### 第111页（上图）

© 罗伯特·吉德勒（Robert Gendler，美国大学天文研究协会AURA）。

已获得出版许可。

### 第112页

左图：©美国国家光学天文台，美国。已获得出版许可。

右图：©威斯康辛–麦迪逊大学，美国。已获得出版许可。

# 手工小制作：日晷和用于日间和夜间的星空图

制作步骤：

1. 将所有手工制作页沿着左边的虚线从书中分离出来。

2. 为了之后能更容易地折叠这张纸，将所有折叠线（见第4条）用一根毛线针沿着一条直尺以较轻的力度描一遍。

3. 把所有部分都沿着粉色的剪裁线剪下来。

补充材料：
- 剪刀
- 直尺
- 毛线针
- 胶水

第1部分

4. 将所有的折叠线向正确的方向折叠。

这是凸折痕：？ - ？ ▲？ - ？ ▼(打印前请参照原图——译者注)，这条线可见地保留着上面凸出的折叠处。

这条是凹折痕：x - · - x - · - x - · -(打印前请参照原图——译者注)，这条线在凹折的地方不可见。

5. 现在把日晷组装起来：首先将第1部分和第2部分拼合成一个日晷表盘。然后把第3部分到第6部分粘合成一个"十"字型（一直按照字母顺序：A粘在A上，B粘在B上，以此类推，直到把F粘在F上）。

……其余的步骤见下一页。

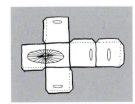

第2部分

西

C

G

6. 现在把这个十字做成一个立方体（G粘在G上，H粘在H上等等，直到把M粘在M上）。

7. 现在将指针（第7部分）从中间对折，粘在一起（N粘在N上，O粘在O上）。

把指针插进日晷表盘上的缝隙里，然后固定粘贴点P和Q。

完成了！现在你只需要再依据方位放置日晷，就可以一直都知道时间了。但是要考虑到：你的日晷并不知道夏令时或冬令时，而且还有一些在第20页和21页中已经描述过的其他缺陷。借助指南针，你可以把立方体的东边缘或西边缘放到必要的南-北调整中去。

第3部分

第4部分

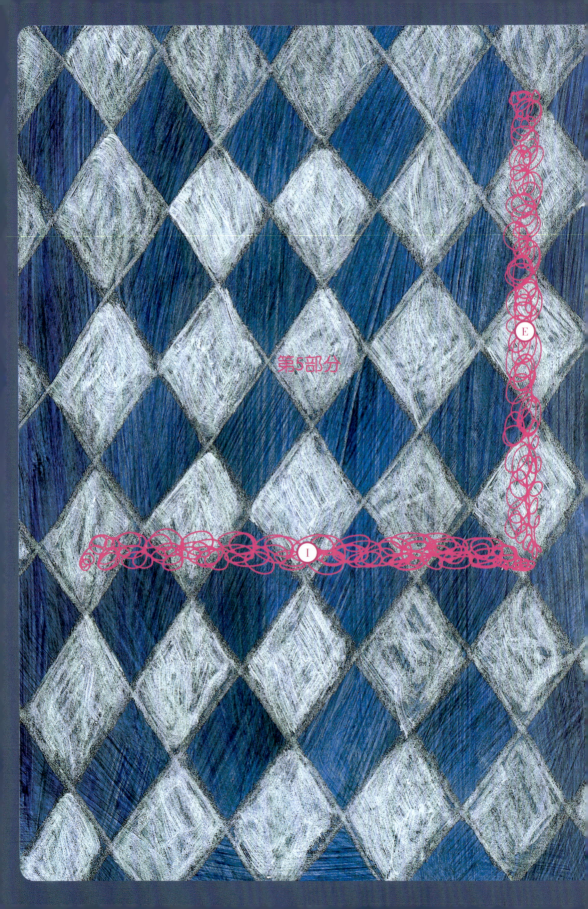

第5部分

第6部分

第7部分

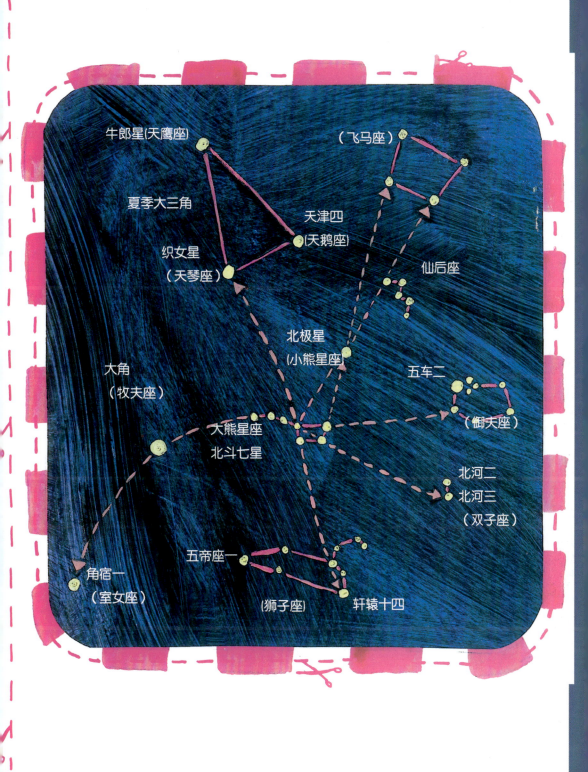

## 重要的星星们

有了这张星空图，你就可以在最明亮的繁星之中找到头绪。首先试着将腿朝向北方躺下。抬起头，看向北方。转动卡片，使得卡片上北斗七星的排列与天空中的情况相同。现在借助卡片上的虚线，从北斗七星出发，去寻找天上的星星和星座。当然，你不能总是看到卡片上所有的星星。因为只有其中的几颗是拱极星。比如在夏天（我只建议你在这个季节躺在地上，其他的时候你不得不站着尝试），你会高高地在头顶上看到夏季大三角。为了看到南边更远处顶端的牛郎星，你肯定已经快要把脖子扭伤了。

为了帮你适应黑暗，在此期间，你可以用一盏小灯来看卡片。但是只能在微弱的灯光下，否则你可能会被照花了眼，有一会儿什么都看不到。你最好能用红色透明的纸把灯包起来。它可以减弱光线，也没有那么强烈的令人目眩的效果。